石垣雅人
MASATO ISHIGAKI

現場のリーダーのための
恐怖と不安を
乗り越える技術

「正しく」
Creating a team that can fail the right way
失敗できる
Techniques for overcoming fear and anxiety for frontline leaders
チームを作る

技術評論社

本書に記載された内容は、情報の提供のみを目的としています。したがって、本書を用いた運用は、必ずお客様自身の責任と判断によって行ってください。これらの情報の運用の結果について、技術評論社および著者はいかなる責任も負いません。

本書の情報は2024年11月のものを記載していますので、ご利用時には変更されている場合があります。

本書に記載されている会社名・製品名は、一般に各社の登録商標または商標です。本書中では、TM、Ⓒ、Ⓡマークなどは表示しておりません。

上記をご承諾いただいたうえで、本書をご利用願います。これらの注意事項をお読みいただかずにお問い合わせいただいても、著者・出版社は対処しかねます。あらかじめ、ご承知おきください。

はじめに

「失敗」と聞いて、思い浮かぶものは何でしょうか。

成功するのに必要な過程ととらえる人もいるでしょうが、ネガティブな感情を持つ人も多いでしょう。いくら上司や周りの人から「失敗を気にせずに挑戦してほしい。責任は私が取るから」と言われても、どう責任を取ってくれるのかわからないし、そもそもどういう責任が生まれるかもわからない。失敗し続けたら評価が下がりそうだし、周りの人からの自分に対する視線も気になる。成功し続けたほうがはるかに楽しいし、失敗したことを報告するのも躊躇してしまう。精神的にもしんどいし、失敗するという恐怖に向かって走ることは楽しくない。

こういった感情は、至極当然に生まれるものだと思います。

一方、こうした失敗に関する感情とは裏腹に、ソフトウェア開発の進化というのは失敗を許容するテクノロジの進化ともいえます。DevOpsやアジャイルといった武器をそろえながら技術を駆使して、不確実性に富んだ事業環境下の中でトライ＆エラーを繰り返さないと勝てなくなってきたからです。

そうした進化に比べて、私たち組織のあり方・考え方はあまり発展していません。積極的に失敗を共有する、メンバーの失敗を心から許容できる、あえてコントロールされた失敗ができる。そうした開発現場はそう多くはありません。

本書は、主にソフトウェア開発を行うチームの失敗について書かれた本であり、そこからの立ち直り方を記した、**レジリエンスエンジニアリング**の本です。レジリエンスとは「回復力」「復元力」「耐久力」「再起力」「弾力」を意味します。エンジニアリングの技術を駆使するのはもちろん、組織開発としての文化の醸成についても述べていきます。

なぜ人は失敗を嫌がるのかについて、中島義道氏は『後悔と自責の哲学』（河出書房新社、2006年）で「それは後悔をするからであり、自責の念を抱くからである」と述べています。「あのときこうしていたらよかった」「そうしないこともできたはずだ」という意図的な関与による後悔も、「偶然して

しまった」「気付かなかった」といった無意識的・偶然的な関与による後悔もあります。いずれの後悔にも、自分を責める感情である自責がセットで付いてきます。

　意図的な「あのときこうしていればよかった」、無意識的な「偶然してしまった」に対して後悔して自責の念を持ち続ける中で、なぜ、自分が思い描くような理想の結果が実現できないのか考えると、そこには**恐怖**があるからです。「失敗したくない」「こっちのほうがよいことはわかっているが、大変なことに巻き込まれそう」という恐怖から逃げる人がいます。「忙しくて難しい」「やったほうがよいが、今のチームの能力では足りない」と自分に言い訳をしながら失敗の恐怖から逃げ、結果として「あのときこうしていたらよかった」「そうしないこともできたはずだ」という後悔と自責を持つ人もいます。

　本書では、この恐怖による失敗を掘り下げることで「間違った失敗」ととらえなおし、「正しい失敗」に転換する方法を紹介します。まずは組織の中で日々起こっている数多くの「間違った失敗」を認識します。そのうえで間違った失敗を起こしてしまう恐怖の正体を知ります。そして、失敗に臆さない「しくみ」と「文化」を醸成していく技術を習得することで、「正しく失敗」できるチームを作っていきます。

　失敗に対して不安や後ろめたい気持ちがある現場のエンジニア、デザイナー、プロジェクトマネージャー、プロダクトマネージャーから、そういった失敗を許容する文化形成に悩むマネージャーまで、本書が少しでも改善のヒントになればたいへんうれしいです。

2025年1月　石垣 雅人

「正しく」失敗できるチームを作る
──現場のリーダーのための恐怖と不安を乗り越える技術

Contents

はじめに ──────────────────────────── iii

序章　「間違った失敗」が起こる構造　1

- **0.1** 失敗には、「間違った失敗」と「正しい失敗」がある ──── 2
- **0.2** 「間違った失敗」が生まれる構造 ──────────── 3
  - 「間違った失敗」は3つに区分される ─────────── 4
  - 「間違った失敗」から「正しい失敗」へ ──────────── 5
- **0.3** 「間違った失敗」の原因は「摩擦」である ─────── 6

第1章　「間違った批判」から生まれる「間違った失敗」　9

- **1.1** 「ゼロリスク」が優先度判断を狂わせ、間違った失敗へ導く ── 10
  - システム障害を起因とした内部品質の軽視による間違った失敗 ── 13
  - 見積りの不確実性への誤認識による間違った失敗 ──────── 15
  - 「不安の定量化」によって、エンジニアの開発時間をなくしてしまう失敗 ── 24
- **1.2** 人を増やせば早くなるという認識が招く予算投入の失敗 ─── 33
  - 作れば作るほど、人員投入による効果は薄くなる ─────── 34
  - 採用の質と育成のバランス ────────────────── 37
- **1.3** 仮説検証にならない実験を繰り返して疲弊する失敗 ───── 38
  - モチベーションや愛着が低下する ───────────── 38
  - 「捨てられない」失敗 ──────────────────── 39

第2章　「間違った失敗」から「正しい失敗」へ　43

- **2.1** 「正しい失敗」はなぜ必要か ────────────── 44
  - 失敗とリカバリーのエンジニアリング ──────────── 44

正しい失敗を受け入れる文化の構築 ——— 45

■2.2 「隠された失敗」から「透明性のある失敗」へ ——— 46

課題は時間が経過すればするほど複雑化し膨張していく ——— 46
透明性の確保がもたらす効用 ——— 47
隠された失敗は超大作な失敗を作る ——— 48
成功ではなく失敗したことを報告して透明性を上げる ——— 54
エンジニアは、説明責任を果たすことで透明性を作っていく ——— 56
説明責任❶——見積り予測のズレをリカバリーするのは難しいので、
　　　　　　早期に報告する ——— 57
説明責任❷——コミットメント（約束）と予測を分ける ——— 59
説明責任❸——見積り（予測）は4つの価値を理解する ——— 60
説明責任❹——隠された失敗をしないために、開発優先度を理解してもらう ——— 63
説明責任❺——障害対応時は、チーム外へ
　　　　　　連絡・報告・相談を行う役割を作る ——— 69

■2.3 「繰り返される失敗」から「学べる失敗」へ ——— 71

仮説は検証して初めて学びになる ——— 71
仮説検証ループの導入 ——— 73
ループは逆回転で思考する——計画ループと実行ループ ——— 76
障害の再発防止策から逃げない——ポストモーテムから失敗を学ぶ ——— 82

■2.4 「低リスクなムダな失敗」から「リスクを取った学べる失敗」へ ——— 86

小さく作ればよいというものじゃない ——— 86
工数や実装難易度でMVPをスライスしない ——— 88

■2.5 正しく失敗できれば、失敗をコントロールできる ——— 89

「隠された失敗」→「透明性のある失敗」
——課題解決にかかる時間をコントロールできる ——— 90

「繰り返される失敗」→「学べる失敗」
——再利用できないムダな時間をなくすことができる ——— 91

「低リスクなムダな失敗」→「リスクを取った学べる失敗」
——ムダな学習時間を短縮できる ——— 92

第3章 「正しい失敗」は技術革新によって作り出された　95

- 3.1 チームサイズの変化 ── 96
- 3.2 チームサイズのスパン・オブ・コントロール ── 99
- 3.3 クラウドとコンテナ技術の発展 ── 100
- 3.4 セクショナリズムとDevOps ── 102
- 3.5 マイクロサービスとコンウェイの法則が、スモールチームとシステムのあり方を定義した ── 105
- 3.6 フルサイクルでのエンジニアリングが可能に ── 109

第4章 「間違った失敗」の背景にある「関係性の恐怖」　113

- 4.1 エンジニアの「できない」という言葉の意味 ── 114
  - ❶ほかのタスクをしているので「できない」── 115
  - ❷今の機能では「できない」── 116
  - ❸何かしらの制約で「できない」── 117
  - ❹時間がかかるので「できない」── 117
  - ❺今のチームスキルだと「できない」── 118
  - ❻やるべきではないと思っているから「できない」── 118
  - 「できない」を「できる」に置き換える ── 118
  - 改善を提案する人を冷めさせない ── 119
  - 否定から入るのをやめる ── 120
- 4.2 アイコンと音声で関係性を作る時代 ── 121
  - リモート環境下でのマネジメントの難しさは情報量の違い ── 122
  - 「つながっているが孤独な関係性」に陥らないようにする ── 125
- 4.3 議論で黙って静かにしていることは合意ではない ── 127
- 4.4 「他責思考」による傍観者効果が失敗を作る ── 129
  - 多元的無知と傍観者効果の関連性。そして他責思考なチームへ ── 130
  - 圧倒的当事者意識で他責思考から抜け出す ── 133
- 4.5 逆に「自責思考」も失敗を作る ── 136
  - 「任せられない」という呪縛 ── 新卒3年目でリーダーになったとき ── 137

自責には、自己叱責と自己責任がある ———————— 142
■4.6　間違った目標設定と評価制度が失敗を作る ———————— 143

第5章　構造を動かす
——「恐怖」と向き合う技術❶
149

■5.1　「構造」「文化」「プロセス」で「失敗を生む恐怖」に立ち向かう —— 150
　　　構造を動かす ———————————————————— 151
　　　文化を醸成する ——————————————————— 151
　　　プロセスを作る ——————————————————— 151
　　　模範解答の再現ではなく、失敗からアップデートしていく —————— 152
■5.2　構造を変えてフォース(流れ・力学)を作る ———————— 153
　　　コンウェイの法則の功罪 ———————————————— 154
■5.3　Dynamic Reteamingパターンで構造変化をとらえる ———— 154
　　　貧困の罠(Poverty Trap)と硬直の罠(Rigidity) ————————— 154
■5.4　5つのパターンで変化をつける ——————————————— 156
　　　❶One-by-Oneパターン(一人ずつ) —————————————— 157
　　　❷Grow-and-Splitパターン(成長と分割) ———————————— 157
　　　❸Isolationパターン(隔離) ———————————————— 158
　　　❹Mergingパターン(マージ) ———————————————— 159
　　　❺Switchingパターン(切り替え) —————————————— 159
　　　リチーミングのアンチパターン —————————————— 160
　　　メンバーの納得度と自由度のバランス ———————————— 160
■5.5　構造に人をアサインできるか ——————————————— 162
　　　枠に耐え得る人材がいるか ——————————————— 162
　　　兼務祭りにならないか ————————————————— 162
　　　採用はできるのか —————————————————— 164
■5.6　裁量と権限を作り、レポートラインをつなぐ ———————— 164
■5.7　構造による力学＝リズムが生まれる ———————————— 166

第6章 文化を醸成する ——「恐怖」と向き合う技術❷　169

- **6.1** 失敗を受け入れるマインドセット ── 170
  - 失敗を非難しないためのしくみづくり ── 171
- **6.2** 始める前に失敗する ── fail fast（早く失敗）ではなく fail before（事前に失敗） ── 171
  - 失敗を想定内の出来事にする ── 172
- **6.3** 「知」の体系を理解し、学習棄却（unlearning）を行う ── 174
  - 暗黙知と形式知 ── 175
  - SECIモデルの各フロー ── 176
  - 小さくSECIモデルを回し、レジリエンスエンジニアリングを実現する ── 177
- **6.4** マネージャーは「失敗」という言葉をリフレーミングする ── 180
  - 「称賛」は人を褒める、「失敗」は事象を指摘する ── 181
- **6.5** 何度説明しても伝わらないように「伝えていないか」 ── 183
  - 「1：N」と「1：1」の伝え方の違い ── 184
  - 伝え方の具体例 ── 184
- **6.6** 問題がないチームには、問題がある ── 187
  - 「心理的安全性が高い」は、ほとんどが虚像である ── 187
  - 快適ゾーンから、学習および高パフォーマンスゾーンへ ── 188
- **6.7** ピープルマネジメントは、型でマネージする ── 190
  - ピープルマネジメントの型 ── 190
  - 目標→アサインする業務→関与方法はセットで定義する ── 193
  - 関与方針の具体例 ── 193

第7章 プロセスを作る ——「恐怖」と向き合う技術❸　199

- **7.1** 失敗の原因は人ではなく、「しくみ」の欠如 ── 200
  - ルールとしくみの違い ── 200
  - しくみ＝フィードバック制御で自動制御する ── 201
  - 失敗からの学びを強化させる3つのしくみ ── 202
- **7.2** 失敗を正しく記録する ── 204

失敗を組織の資産にする ──────────────── 205
　　　観測できないことは改善できない ────────── 205
■7.3　ソフトウェア開発の工数予測と実測のデータ ───── 206
　　　リードタイム視点でのプロセス改善 ────────── 207
　　　VSMは失敗の記録には向かない ──────────── 208
　　　財務諸表に近い開発生産性データをトラッキングする ─── 209
　　　「いまの開発チームは優秀なのか?」という疑問には2種類ある ── 216
　　　類推見積りを導入する ──────────────── 218
■7.4　仮説検証の失敗・成功のデータ ─────────── 219
　　　ステップ1：事業やサービスをシステム思考で構造化していく ── 220
　　　ステップ2：構造化したものをKPIモデルに落とし込み、
　　　　　　　　事業の勝ち筋が予測できる変数を理解する ──── 222
　　　ステップ3：勝ち筋の変数に対して仮説を考え、
　　　　　　　　施策に優先順位をつけて学習サイクルを回す ──── 224

付録　ソフトウェア開発の失敗「20」の法則　229

　プロジェクトの失敗率は、約68% ────────────── 230
　頭の片隅に置いておく「20」の法則 ──────────── 232
　プロジェクト管理・マネジメント ───────────── 233
　品質管理・リスク管理 ───────────────── 235
　組織構造・設計原則 ────────────────── 237

　おわりに ─────────────────────── 240
　索引 ──────────────────────── 241

序章

「間違った失敗」が起こる構造

序章 「間違った失敗」が起こる構造

　序章では「間違った失敗」の全体像を説明します。次章以降を読み進めるときのインデックス（目次）として役立ててください。

0.1 失敗には、「間違った失敗」と「正しい失敗」がある

　失敗には2種類あります。「間違った失敗」と「正しい失敗」です。
　どちらも「失敗」であることに違いはありませんが、正しい失敗は組織や事業を次のステージにつなげます。逆に、間違った失敗は同じ失敗を繰り返させ、私たちをその場で足踏みさせます。
　ソフトウェアを主軸とした事業、それを作り上げる組織はいずれも**非連続な成長**をしていくわけですが、**図0-1-1**のように少なからず失敗のフェーズ（ダウン）は存在し、それを経てアップ（成功）していきます。このときに大事なのは「何を学ぶために失敗したのか」と「失敗をどう次につなげるか」です。
　意図的に設計された範囲で失敗させることで適切なフィードバックを得て、そこから組織として学び、成功につなげる。シンプルにいえば、これが「正しい失敗」ができている状態です。

図0-1-1 非連続な成長

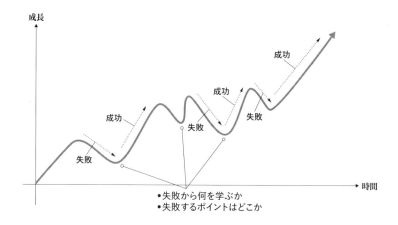

0.2 「間違った失敗」が生まれる構造

「**失敗から学ぶべきである**」というのは、常識になりつつある概念です。しかし、頭ではわかっていても、開発現場において、失敗を隠さずにチームへさらけ出せる環境であり、チームにもそれを受け止める文化が整っていることはあまりありません。

なぜ、そのようなことが起こってしまうのかを**構造的**にとらえていきます（図0-2-1）。構造化することで、複雑な問題に対しても解決への道筋（プロセス）がわかりやすくなります。

「間違った失敗」を**結果**とすると、それを引き起こす「**行動パターン**」があり、その行動パターンが生まれる「**原因**」があります。

それぞれの要素（原因・行動パターン・結果）と因果関係（原因→行動パターン→結果）の結論を先に述べていきます。

間違った失敗を引き起こす「原因」は、社会心理から導き出される関係性の恐怖から生まれる**組織の摩擦**です。それによってさまざまな人からの**失敗への間違った批判**が「行動パターン」として表れてきます。そして、行動パターンから導き出される結果として「間違った失敗」が起きます。さらにその結果が再度フィードバックされることによって「原因」である組織の摩擦を増幅させ、さらに関係性の恐怖を加速させる**負の連鎖**に入ってきます。

図0-2-1 間違った失敗が起こる構造

序章 「間違った失敗」が起こる構造

- 原因（入力）
  失敗に対しての関係性の恐怖心が組織の摩擦を作る
- 行動パターン（処理）
  原因（入力）の感情の動きによって「失敗への間違った批判」という行動を取ってしまう
- 結果（出力）
  結果として「間違った失敗」が起きてしまう
- フィードバック
  「間違った失敗」という結果のフィードバックループが、さらに原因（入力）の感情を増幅させる

「行動パターン」と、その「結果」である「間違った失敗」については第1章で、「間違った失敗」から「正しい失敗」への変換については第2章で、「原因」である「組織の摩擦」を生み出す「関係性の恐怖」については第4章で述べます。この構造と要素を理解していると本書がとても読みやすくなります。

失敗への間違った批判（行動パターン）の例としては、ソフトウェア開発は「ゼロリスクであるべき」という概念が間違った批判を作り、多くの失敗を作る様子を見ていきます。たとえば、内部品質の軽視によって生まれるシステム障害に疲弊する開発チームや、見積りを通して作った予測が約束になってしまうことで本来の開発をする時間がなくなってしまうエンジニアたちを見ていきます。さらに、人を増やせば早くなるというエンジニア組織への間違った認識による予算投入の失敗、目的が不明確な仮説検証の積み上げが複雑化するシステムを作り、捨てられないシステムが増え続ける失敗を述べていきます。

「間違った失敗」は3つに区分される

そうした失敗への間違った批判によって生まれる状態を3つの「間違った失敗」に区分して述べていきます。

- 隠された失敗
  失敗が隠されることで超大作な失敗が生まれてしまう

- 繰り返される失敗
  同じ失敗を繰り返し、組織が精神的にもコスト的にも疲弊してしまう
- 低リスクなムダな失敗
  小さい成功という大きな失敗をしてしまう

基本、失敗は隠されます。隠されれば隠されるほど時間経過とともに課題は膨張・複雑化し、解決にも膨大な時間を費やします。

解決されていない失敗は繰り返し発生するため、当然、同じ失敗が起き続けます。裏には報告されていない課題が潜在的に存在し、失敗という結果が起き続けている状態は、精神的にもコスト的にもメンバーに負荷をかけます。すると、組織は大きな挑戦を拒むようになり、低リスクで小さい成功しか作れないチームになります。

「間違った失敗」から「正しい失敗」へ

一方、こうした現象を構造的にとらえると、「原因」である組織の摩擦が**改善**されることで、原因によって生まれる「行動パターン」が変化し（間違った批判がなくなり）、結果として「間違った失敗」が**正しい失敗**に置き換わっていきます。

注意したいのは、「失敗」自体が減ることはありませんし、挑戦している限り、逆に失敗は増えていくことです。大事なのは、失敗を正しく受け止め、成長マインドを持ち、目標の達成や組織としてなりたい状態になるための材料としてとらえることです。10回やって1回でも失敗してはいけないという失敗の総量をマネジメントをするのではなく、1回1回の失敗の質をマネジメントしていきます。

そのために本書では、**失敗を生む「恐怖」と向き合う技術**を軸として考えていきます。恐怖に立ち向かう組織パターンを作る「構造」（第5章）、メンバーが失敗を学びととらえるマインドセットへと変える「文化」（第6章）、失敗から学べる「プロセス」（第7章）という観点で見ていきます。

0.3 「間違った失敗」の原因は「摩擦」である

　本章の最後に、間違った失敗を引き起こす「**原因**」について考えます。

　チーム開発というのは、結局は「人と人と関わり合い」です。エンジニアどうしの関わり合い、マネージャーとの評価での関わり合い、PdM（プロダクトマネージャー）との要求・要件に関する関わり合い……。1つのプロダクトを作るには、多くの人との無数の関わり合いによって関係値が生まれ、そこには**摩擦**が存在します。

　時には、「失敗によって上司から怒られる」「チームメンバーに失敗した自分を見せたくない」「失敗を報告することで仕事が増えてしまう」という関係性の摩擦から失敗を隠したり、逆に、失敗した人を攻めたりしているかもしれません。関係性の中で、お互いの見えない期待値が存在します。その期待が裏切られたり、自分が一方的に自身の期待感（見られ方）を決めていることで発生します。

　私たちは日々、ソフトウェアに改善を加え、フィードバックをもとに成功の確度を上げていきます。その土台となるのが組織のケイパビリティ（能力）の向上であり、モノづくりに対するモチベーションの高さです。メンバーのモチベーションが高くなければチーム開発はうまくいかず、良いモノは作れません。その中で「失敗」というワードはとても密接にモチベーションに関わっています。それらを解きほぐす術を私たちは習得しなければいけません。

　失敗を恐怖する原因（組織の摩擦）がある中で生まれる行動パターンとして、**失敗への間違った批判**があります。逆にいえば、この間違った批判を認識し、行動を変えていくことができれば、組織が間違った失敗をしないように好転させることも可能です。次章では、ソフトウェア開発の現場で起きている「失敗への間違った批判」、さらにはそこから生まれる「間違った失敗」を具体的に見ていきます。

column 失敗の原因を科学的に見る

失敗の原因について、少し科学的なアプローチで見てみましょう。
『失敗の科学』(マシュー・サイド著)では、なぜ人は失敗から学習できないかについて「認知的不協和」と「確証バイアス」という2つの社会心理的な傾向で説明しています。

間違った失敗が起こる原因の1つに「**失敗を認めたくない**」という人間の心理があります。これは社会心理学で「認知的不協和」と呼ばれる現象で、自分の信念と反する事実に直面すると自尊心が脅かされ、それに対して強い苦痛を感じる現象が原因であるといわれています。多くの人は自分自身が有能で正しい判断ができると信じています。そのため、自分の信念を否定して新たな事実を受け入れるのは容易ではなく、自分の無能さを認めることは非常に困難です(評価が落ちるという思いもあるでしょう)。

そして、これらは**無意識的**に起こるので、自分が認知的不協和に陥っていることに気付きません。無意識に自分の信念に沿うように事実を解釈し、非合理な判断をして自己正当化に走ってしまいます。自分の解釈が曲がっているとも非合理だとも感じず、正当な判断だと信じ込んでしまうのです。ゆえに同じ失敗を繰り返してしまいます。特に、ある行動や判断に多大なコストや努力を費やした場合、その行動や判断が失敗だったと認めるのは困難で、サンクコスト(埋没費用)という心理的バイアスが働き、すでに投入したリソースが無駄になることを恐れて誤った決断を続けてしまいがちです。

この認知的不協和に加えて、「確証バイアス」と呼ばれる、自分の信念や仮説を支持する情報だけを探し出し、反する情報を無視する傾向があります。確証バイアスが認知的不協和とともに働くことで自己正当化のメカニズムを強化し、同じ失敗を繰り返す原因となります。

もう1つの観点があります。「反証可能性」で有名な哲学者カール・ポパーは、「**真の無知とは知識の欠如ではない。学習の拒絶である**」という言葉を残しています。反証可能性とは、科学的な理論や仮説が検証されるためにはそれが反証可能であること、つまり、誤りであることを示せる必要があるという考え方です。ポパーは、この考え方を通じて科学と非科学を区別しようとしました。つまりはトライ&エラーの重要性を説いているもので、仮説を立て検証する過程で、仮説が「反証」される(**つまり「失敗」する**)ことが必ずあります。これはけっしてネガティブなことではなく、むしろ知識を進歩させる重要な機会であり、反証可能である=科学的なアプローチであるということです。反証可能性を担保するには、失敗から生まれる事象こそ一番の学習材料であるということです。

序章 「間違った失敗」が起こる構造

序章 まとめ

- 失敗には、間違った失敗と正しい失敗がある
- 間違った失敗が生まれるには、構造(原因→行動→結果)がある
- 原因を改善していけば、正しく失敗できるようになる
- 原因は、組織の摩擦である

参考文献

- マシュー・サイド著／有枝春訳『失敗の科学』ディスカヴァー・トゥエンティワン、2016年

第 1 章

「間違った批判」から生まれる「間違った失敗」

▶ 第1章 「間違った批判」から生まれる「間違った失敗」

　本章では、さまざまな理由から生まれる**「間違った批判」**という行動パターンと、その結果として生まれる「間違った失敗」について見ていきます。
　間違った批判が起こる行動パターンを**3つ**のカテゴリに分け、合計**5つ**のエピソードを紹介します。

- ❶ 間違った**ゼロリスク主義**が招く失敗
    - ① システム障害を起因とした内部品質の軽視による間違った失敗
    - ② 見積りの不確実性への誤認識による間違った失敗
    - ③ 上記の2つのゼロリスクによって生まれる余計な作業で、エンジニアの開発時間をなくしてしまう失敗
- ❷ 人を増やせば早くなるという認識が招く**予算**投入の失敗
    - ④ 予算権限を持っている事業責任者による、開発を早くするには人を増やせばよいという間違った認識の失敗
- ❸ 仮説の**検証**にならない実験を繰り返す失敗
    - ⑤ 日々の仮説検証で無駄な機能が増えても捨てられないことで、運用コストが上がっていく失敗

▶ 1.1 「ゼロリスク」が優先度判断を狂わせ、間違った失敗へ導く

　まず初めに、ソフトウェアに関する「ゼロリスク」の誤った認識が原因となる失敗について見ていきます。
　特にエンジニアではない方々の中には、事業を支えるプロダクトやシステムが、何もしなくても常に稼働し続けるものだと考えている人もいるでしょう（よく「24/365」といわれます）。また、なぜ見積りどおりに開発が進まなかったり、プロジェクトに追加予算が必要になったりするのか、実感がわかない人も少なくありません。
　ソフトウェア開発は非常に複雑な領域です。しかし、最近のDX（デジタルトランスフォーメーション）の流れや、マーク・アンドリーセン氏が「Software is Eating the World（ソフトウェアが世界を飲み込む）」と述べて久しい現在、私たちが目にする多くのものは「ソフトウェア」で動いています。たとえば、Googleが提供するサービスやエンタメ関連のアプリケーシ

ョンだけでなく、最近では車などの乗り物にもソフトウェアが組み込まれています。さらに、インターネットバンキングや医療機器など、お金や命に関わる分野でも使われています。

ソフトウェアとそれを司るシステムは、ほかの機械と同様に定期的なメンテナンスが必要です。たとえば、車を例に考えると、走行距離が長くなるほどタイヤや部品は劣化します。また、車にバグがあれば、走行距離に関係なくメンテナンスが必要となります。

ソフトウェアも同じです。稼働し続ける中で、周辺機器（ミドルウェアやライブラリ、フレームワーク）も異常をきたすことがあります。作り終わったら終了ではなく、機能の追加や修正を繰り返すため、ソフトウェアの内部は複雑になっていきます。その結果、バグが混入し、障害が発生することも珍しくありません。

また、開発スピードも常に一定ではありません。たとえ同じメンバーで開発していても、0から1を作るときのスピード感をずっと維持することはできません。ほとんどの現場では、ソフトウェアが年月を経て成長するほど、開発スピードは遅くなる傾向にあります。そのため、ソフトウェアは内部品質（*Internal Quality*）を保たなければ徐々に劣化します。しかし、内部品質の重要性は理解するのは難しく、どうしてもユーザー価値に直結する品質（UIや不具合）である外部品質（*External Quality*）を優先してしまいがちです（**図1-1-1**）。現代のソフトウェア開発では、システムの現状維持は衰退を意味します。なぜなら、周囲は進化し続けているからです。

図1-1-1 内部品質と外部品質

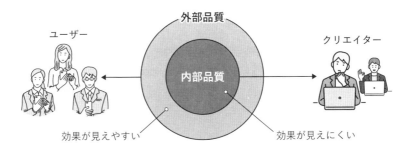

第1章 「間違った批判」から生まれる「間違った失敗」

　一方で、内部品質をしっかりと保っていても、システム稼働率を長期間100％に保つことは難しいです。システム稼働率が99.9％（年間で約8.7時間のダウン）だったとしても、それを「低い」と評価されることがあります。0.5時間の影響を与えるバグが見つかった場合、即座に修正が求められることもあります。その際、納期が迫っているプロジェクトを止めて対応することが許されないケースも多いです。人員の追加や納期の延長が認められない場合もあります。

　チーム開発では、プロジェクトや施策の実施において、最初から正確な予算予測が求められることがあります。見積りよりも遅れると、そのたびに理由を説明する必要があります。この説明に時間を割かれることで、開発時間が圧迫される現場も多く見られます。

　開発プロセスでも、競争優位性を保つために、以前よりも速いスピードでユーザーに価値を届けることが求められます。しかし、失敗は避けられません。すべての仮説が成功するわけではなく、作った機能をすぐに捨てることもあります。逆に、「せっかく作ったから」と稼働を続けたり、途中まで作った機能を捨てるのが惜しくてそのままにしていると、将来的にソフトウェアの保守性に悪影響を及ぼすこともあります。

　すべてのリスクや予測失敗を**ゼロにすることは不可能**です。そのため、優先順位が混乱し、組織全体に焦りが生じ、ムダな工数やモチベーション低下を招くことがあります。こうした失敗の多くは、ソフトウェア開発に関する誤解や期待値のズレが、エンジニアとそれ以外のメンバーとの間に存在することが原因です。

　こうしたゼロリスク主義の"リスク"を考え、ソフトウェアの特性とチーム開発のプロセスといった側面から影響度を理解し適応していくことが大事になってきます。

　もちろん、多くのチームは優秀なエンジニアを育成・採用し、強化するための取り組みを日々行っています。しかし、ソフトウェアの特性や可用性（システムが継続して稼働する能力）に対して、どれだけ技術投資をするかは、管理監督者の意識と覚悟によって変わります。

システム障害を起因とした内部品質の軽視による間違った失敗

「システムは常に稼働しているのが当然である」というゼロリスク主義(原因)に起因する、間違った批判の事例(行動)を見ていきます。同じような障害が繰り返し発生する理由や、復旧に時間がかかる背景が十分に共有・理解されないことで、障害に対する課題が生じます。

障害は、ビジネスにおいて非常に深刻な問題です。売上損失はもちろん、取引先とのシステム連携がある場合、各所に影響が及ぶため、障害の連絡が必要になります。これにより、開発以外の面でも大きな損失が発生します。こうした状況の中、エンジニアには問題の根源を即座に突き止め、解決策を見つけることが求められます。加えて、このプレッシャーはエンジニアだけでなく、開発組織のマネジメント層にも及び、トップダウンで一次復旧のための暫定対応が急がれます。

しかし、暫定対応では根本的な解決には至りません。表面的な修正にとどまるため、恒久対応として**再発防止策**に時間をかけなければ、長期的にはさらに大きな障害リスクを抱えることになります。多くの場合、障害の根本原因は、内部品質の改善に十分な時間が割かれていないことにあります。しかし、日々の新規開発に追われ、その時間を確保できないため、結果として障害が頻発し、さらなる問題を引き起こすのです。

もう少し構造的にとらえるために**図1-1-2**を見ていきましょう。

❶から見ていくとBiz(ビジネスサイド)とEng(エンジニアサイド)の区分けが存在し、ユーザーに届けたい価値として施策A〜施策Dがあるとします。それぞれに優先度と期間の中でここまで施策を届けたいというゴール(図でいうと施策Cまで)があります。このゴールが契約による納期である場合もあります。

一方、❷の周辺を見ていくと、ソフトウェア開発における開発案件というのは、わかりやすくユーザーに価値を届ける施策**だけではありません**。コード品質を担保し未来の変更コストを下げていくリファクタリングや、各種ミドルウェアやデータベースのバージョンアップといった、システムの可用性(鮮度)を保つための改善タスク(保守開発)が多く存在します。しかし、厳しい事業環境下で競争が激化する中、イテレーションの中に内部

第1章 「間違った批判」から生まれる「間違った失敗」

図1-1-2 システム障害と組織の摩擦

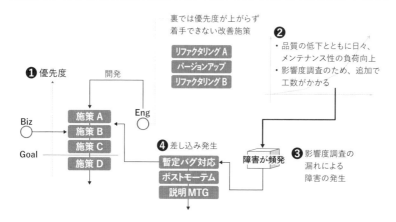

品質に関する課題を解決するタスクを多く組み込める現場は少ないでしょう。その結果、システムはじわじわと複雑化し、保守性が低下することでメンテナンスコストが上昇します。

こうした新規・エンハンス開発と保守開発のアンバランスによって障害や不具合が増えていきます（❸）。エンドユーザーに影響がある障害が発生すると、toCサービスであればWebサイトやモバイルアプリが利用不可になり、売上に影響を与えます。その場合、当然不具合の改善が優先され、エンジニアには障害対応が求められます。その結果、本来進めていた開発作業を中断せざるを得なくなります。

暫定対応に加え、「なぜ障害が発生したのか」「今後の再発防止策は何か」を組織として明確にする必要があります。これにより、ポストモーテムと呼ばれるインシデントレポートを作成し、必要なステークホルダーに報告する義務が生じます（❹）。もともとの開発リソースに対して、バグ対応やドキュメント作成、報告ミーティングなどに時間を費やすことで、当初予定していた開発計画が遅延します。

さらに、当初計画した開発の納期は**遅らせたくない**ことが多いです。たとえば、マーケティング施策の計画、商談時のデモ予定、契約上の制約や

1.1 「ゼロリスク」が優先度判断を狂わせ、間違った失敗へ導く

図1-1-3 内部品質の軽視による悪循環のサイクル

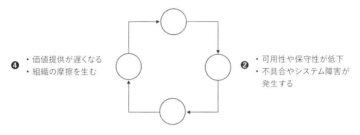

法令の遵守など、さまざまな理由が考えられます。開発リソースを短期間で追加投入することは効果が薄く、逆効果になることも多いため、既存メンバーでカバーする必要があります。

こうした日々が続くと、根本的な内部品質改善が進まないまま、ビジネス的にもユーザーに価値を提供するスピードが遅れ、市場の獲得や機能優位性の維持が困難になります。その結果、**「なぜ開発がこんなに遅いのか」「なぜBiz側が理解してくれないのか」**といった組織内の摩擦が生まれ、**悪循環**が続くことになります（❺）。

内部品質の軽視による悪循環のサイクルをまとめると**図1-1-3**のようになります。

見積りの不確実性への誤認識による間違った失敗

次に見ていくのは、**見積り（予測）**に関する間違った行動パターンです。ある程度の規模の開発を行う際、開発コストの予測や自分たちが理想とする目標リリース日の設定のために見積りを行います。ここでは、全体の開発フロー（仮説→計画→実行→効果検証）の中で、見積りがどのフェーズで利用されるかを考えてみましょう（**図1-1-4**）。

第1章 「間違った批判」から生まれる「間違った失敗」

図1-1-4 開発フローと見積りの利用

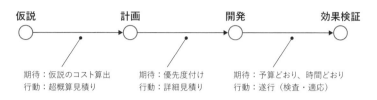

　まず、仮説が存在し、それを実行するための企画があります。いわゆる戦略に対する戦術です。仮説の企画を検討する際、見積りの目的はコストの算出です。その仮説を実現するために「どのくらいの工数がかかるか」「いくらかかるか」は費用対効果を示すうえでの重要なデータとなります。たとえば、ボタンのUIデザインを変更してユーザーの視認性を向上させ、CTR（Click Through Rate）に変化を与えたいという仮説があった場合、工数が5人月（＝40営業日）かかると見積られたら、ほかにそのリソースを割り当てるという選択肢も出てきます。

　こうした企画段階での大まかな見積りを**超概算見積り**といい、その精度は－50％〜＋100％程度です。まだ要求や要件が固まっておらず、ざっくりこの企画をやるにはどのぐらいかかるのかの目安を知るためのものです。

　企画が無事に通過し、開発するための計画フェーズに入ると、より精度の高い予測が必要になります。たとえばDesign Docを代表とした設計ドキュメントを用いて、必要なデータベース設計やAPIのインタフェース仕様、画面数などを具体的に見積ります。この段階の予測が、初めてチームでのリリース目標となるコミットメント（目標としてセットするに値する）につながります。

　開発中には、見積りに対して予算どおりに進んでいるか、時間どおりに進んでいるかを確認します。すべてが予測どおりに進む開発は少なく、仕様の変更が必要になる場合や予想以上に時間がかかる場合もあります。10人日で終わるはずだった作業が1人月かかる場合もあります。このような変化にいかに対応するかが重要で、適切な検査と調整が求められます。

　このように「見積り」は開発プロセスの各所で利用されますが、ここでも**ゼロリスク**が登場します。それは「見積りによるスケジュールは厳守しなければならない」「スケジュールに間に合わせるために予算追加するのは避け

1.1 「ゼロリスク」が優先度判断を狂わせ、間違った失敗へ導く

たい」というプレッシャーです。この前提にはそもそも「**見積りは正しく正確でなければならない**」という誤解があります。各フェーズでの見積りの価値を理解せずに超概算見積りが独り歩きして約束事になっている現場をよく目にします。

▍見積りによる事業計画のズレ

自分が事業責任者として予算を持ち、戦略（方向性）と戦術（施策・プロジェクト）を考える権限があるとしましょう。四半期や年間を通して、事業を成長させるためにプロダクトのあり方を変える戦術を考える際、「計画」は非常に重要です。日々の業務でも人件費がかかるため、どの順番でプロジェクトを立ち上げ、施策を実行してユーザーに価値を届け、売上や価値を上げていくかを考える際、各施策にかかる工数と工期が大きなヒントになります。そのため、エンジニアやデザイナーといったクリエイター組織に見積りを依頼し、それをもとに計画、つまりスケジュールを立てることになります。

こうして立てた計画をもとに、無事にプロジェクトがスタートしても、第1の壁にぶち当たることが多いです。そもそも、見積りどおり100%順調に進むことはほとんどありません。特に初期段階では不確実性が高く、プロジェクト開始直後に見積りのズレを修正するべきか議論するため、工数を割くことになります（逆に、プロジェクトの後半になるほど実績が積み重なり、予測の精度は上がってきます）。

計画がズレるたびにスケジュールを引きなおし、進捗を保つための対策（人員追加など）や、それに伴う予算の再考が必要になります。開発チーム以外のメンバーにとっては、なぜ遅れているのか根本的な理由がわからないため、エンジニア側と「なぜ計画がズレるのか」を頻繁に話し合うことになります。

エンジニア側の観点も考えてみましょう。システムが複雑であればあるほど、影響調査や設計ミスが見積り時点で発生することが多く、実際に作業してみなければわからないことが頻繁にあります。たとえば、システムのコアな部分（共通処理）を大幅に変更しなければならなくなり、それにより今回の追加機能以外の部分にも手を入れる必要が出てきて、工数が増えるという問題がよく起こります。もちろん、優秀なエンジニアや保守性の

高いシステムであれば、見積りの精度は上がりますが、多くの現場ではそうではありません。

何を犠牲にするか

次に、こうした事態が起こると、何を犠牲にするかを考え始めます。時間・予算・スコープ・品質のいずれかです。

最も優先的に犠牲にされるのは**品質**である現場が多いでしょう。時間(リリース日)はそのまま、予算もそのまま(人件費の追加はなし)、スコープ(提供価値の範囲)も維持し、エンジニアリングの観点で品質を犠牲にするパターンです。

ここでいう品質とは、国際標準化機構(ISO：*International Organization for Standardization*)と国際電気標準会議(IEC：*International Electrotechnical Commission*)が定めている製品品質モデル「ISO/IEC 25010」(**図1-1-5**)の「**保守性**」のことが多いです。

保守性とはソフトウェアの変更や修正が容易に可能となり、保守作業をスムーズに行えるかです。保守性の高いソフトウェアを維持できれば新しい機能の追加やバグ修正を迅速に行い、寿命を延ばすことができます。しかし、この部分はわかりやすく目に見えるものではないため、エンジニア自身もその価値を本質的な意味で理解できていないことも多いでしょう。そのため、簡単に見える改修でもシステムのコアな部分に手を入れないと

図1-1-5 製品品質モデル(ISO/IEC 25010)

システム／ソフトウェア製品品質

機能適合性	性能効率性	互換性	使用性	信頼性	セキュリティ	保守性	移植性
・機能完全性 ・機能正確性 ・機能適切性	・時間効率性 ・資源効率性 ・容量満足性	・共存性 ・相互運用性	・適切度認識性 ・習得性 ・運用操作性 ・ユーザーエラー防止性 ・ユーザーインタフェース快美性 ・アクセシビリティ	・成熟性 ・可用性 ・障害許容性(耐故障性) ・回復性	・機密性 ・インテグリティ ・否認防止性 ・責任追跡性 ・真正性	・モジュール性 ・再利用性 ・解析性 ・修正性 ・試験性	・適応性 ・設置性 ・置換性

出典：JIS X 25010:2013　システム及びソフトウェア製品の品質要求及び評価(SQuaRE)——システム及びソフトウェア品質モデル
https://webdesk.jsa.or.jp/books/W11M0090/index/?bunsyo_id=JIS+X+25010%3A2013

いけない場合、暫定的にハードコーディングして工数を削減してしまったり、テストコードを十分に追加しなかったり、根本的には必要なドメインモデリングをせずにどんどん機能追加をしていることもあるでしょう。

次に考え得るのは、スコープを削るケースです。時間(リリース日)や予算はそのまま、品質は今後のことを考慮して保守性を担保しながら、スコープをいったん削ります。

ユーザー価値を検証できる最低限の機能(MVP：*Minimum Viable Product*)を見極め、ユーザー価値を落とさないスコープでリリースします。その後、本来計画からロストしたものを随時開発し、リリースしていくという形です。これは、時間軸における機能提供のタイミングと範囲を意図的に調整することで、リリースした時点で売上が立つので、損失を最小限に抑えることができます。ただし、スコープを見誤るとユーザー体験に影響を与え、スコープを削った状態の機能を触ったユーザーが離脱して戻ってこなくなる(リテンションレートが下がる)ことがあるため、注意が必要です。

次に、時間や予算を犠牲にする場合についても考えます。予算の場合、主に人件費を投入してエンジニアやPM(プロジェクトマネージャー)を増員し、プロジェクトを立てなおします。

一見有効に見える方法ですが、追加する人員のスキルや適性によっては逆効果になることもあります。多くの開発現場ではチーム開発が行われており、そのチームならではのやり方や文化が存在します。新しいメンバーを迎え入れる際には、そのメンバーが早く生産性を上げられるようにオンボーディングというプロセスが必要です。これには相応のコストがかかります。途中で投入される人員が多ければ多いほど、オンボーディングのコストは増加し、急な人材確保のため採用の精度が下がり、チームに適さない人材が追加されるリスクも高まります。チーム開発は、**1人の不適切な人材がチーム全体を崩壊させる**こともあるため、「誰と働くか」という点を最も重要視すべきです。この状況は「ブルックスの法則」としても知られ、「プロジェクトが遅れているときに、人員を追加してもスケジュールの遅れを取り戻すことはできない」という内容で有名な法則の一つです。

時間を犠牲にする場合は、単純にリリース日を後ろにすることを意味します。この手段が取られることが多いのは、スコープを削れる範囲が少な

かったり、納期という概念が必要ない場合です。

逆に、何も犠牲にしない場合は、既存のメンバーでスコープを変更せず、品質も変えないとなると、生産性を劇的に向上させるか、稼働時間を増やす（残業する）ことを意味します。稼働時間を増やすということは、予算（人件費）が増えることを同時に意味するため、この4つの要素に対しては複合的に調整しながら、何を犠牲にするかを考える必要があります。

見積りの誤解を解くことが本質的な解決になる

ここまで見積りに関して、事業計画に与える影響と、何を犠牲にするかの議論にまで発展することを見てきました。見積りのズレによって事業計画をどんどん変えなければいけないというペインに対して、解決策として「時間・予算・スコープ・品質」のトレードオフを考えて解決していくというフローを見てきましたが、本来これは無駄な作業です。ソフトウェアという特性を見ても不確実性が高いため、どうしても予測が正しくなることは少ないです。

本項では、見積りに対する目的を認識したうえで議論を進めると、事業責任者側もエンジニア側も幸せになるという観点でいくつかの論文・レポートを見ていきます。

Martin Fowler氏の言葉を借りれば、プロジェクトの失敗はスケジュールの遅れや予算の超過による失敗ではなく、**見積りの失敗**です。

> Rather than saying that a project is failed because it is late, or has cost overruns - I would argue that it's the estimate that failed.
>
> プロジェクトが遅れた、またはコスト超過したために失敗したと言うのではなく、失敗したのは見積りだと私は主張します。
>
> 出典：What Is Failure　https://martinfowler.com/bliki/WhatIsFailure.html

開発組織の技術力が定量化できないとすると、ソフトウェア開発の完了予定日は「**自分たちが"予測どおり"に達成できるか**」でしかありません。目標を高く設定していれば、工数・予算・品質の部分で失敗の確率は上がりますし、目標を低くしていれば成功確率は上がります。

1.1 「ゼロリスク」が優先度判断を狂わせ、間違った失敗へ導く

　以下は、プロジェクトの失敗レポートとして有名なカオスレポートと日本のプロジェクトの失敗レポートです。

　「CHAOS REPORT 2015」は、ソフトウェア開発を以下の6つの項目によって分析したプロジェクトの成功・失敗に関するレポートです。

- OnTime（時間どおり）
- OnBudget（予算内）
- OnTarget（目標達成）
- OnGoal（目的達成）
- Value（価値）
- Satisfaction（満足度）

　2011〜2015年のデータを見ると、Medium（普通）サイズの開発規模だと、失敗の確率は26%、逆に想定どおりに完了した成功確率はわずか12%になっています（**図1-1-6**）。当然ですが、大規模な開発になればなるほど失敗の確率は高くなります。これは大規模のほうが不確実性が高く、見

図1-1-6 CHAOS REPORT 2015

PROJECT SIZE BY CHAOS RESOLUTION

	SUCCESSFUL	CHALLENGED	FAILED	TOTAL
Grand	6%	51%	43%	100%
Large	11%	59%	30%	100%
Medium	12%	62%	26%	100%
Moderate	24%	64%	12%	100%
Small	61%	32%	7%	100%

The size of software projects by the Modern Resolution definition from FY2011-2015 within the new CHAOS database.

出典：CHAOS REPORT 2015
　　　https://www.standishgroup.com/sample_research_files/CHAOSReport2015-Final.pdf

第1章 「間違った批判」から生まれる「間違った失敗」

図1-1-7 工期遵守状況

	予定どおり完了	ある程度は予定どおり完了	予定より遅延
100人月未満			
23年度(n=732)	32.8	51.2	16.0
22年度(n=729)	32.4	50.3	17.3
21年度(n=815)	34.4	49.6	16.1
20年度(n=829)	39.1	43.4	17.5
19年度(n=713)	45.6	39.7	14.7
18年度(n=814)	41.9	42.8	15.4
17年度(n=781)	45.1	41.1	13.8
16年度(n=756)	50.3	35.4	14.3
15年度(n=776)	35.2	47.3	17.5
14年度(n=827)	48.9	36.2	15.0
100〜500人月未満			
23年度(n=378)	17.2	52.1	30.7
22年度(n=377)	16.2	52.5	31.3
21年度(n=418)	17.7	50.7	31.6
20年度(n=491)	22.0	44.8	33.2
19年度(n=379)	29.3	42.0	28.8
18年度(n=414)	25.6	44.2	30.2
17年度(n=377)	28.9	48.5	22.5
16年度(n=346)	35.3	39.6	25.1
15年度(n=368)	21.5	43.8	34.8
14年度(n=338)	31.4	39.1	29.6
500人月以上			
23年度(n=230)	13.0	35.2	51.7
22年度(n=241)	14.1	34.0	51.9
21年度(n=252)	13.9	40.1	46.0
20年度(n=310)	15.8	33.5	50.6
19年度(n=238)	21.4	32.8	45.8
18年度(n=239)	23.4	32.6	43.9
17年度(n=246)	25.2	26.8	48.0
16年度(n=200)	29.5	26.0	44.5
15年度(n=215)	21.9	35.8	42.3
14年度(n=184)	25.5	26.1	48.4

出典：図表 8-1-1 プロジェクト規模別・年度別システム開発の工期遵守状況
https://juas.or.jp/cms/media/2024/04/JUAS_IT2024.pdf

積りもしにくいからと見ることもできます。業界別で見ると小売業が最も高い成功率であり、一方で失敗率が高いのは政府系です。北米は成功率が高く、アジアは低いなど、いろいろなデータが見れます。

一方、アジアである日本のデータを一般社団法人日本情報システム・ユーザー協会(JUAS)が提供している「**企業IT動向調査報告書 2024**」で見てみます。**図1-1-7**は、工数×規模別(人月)に、予定どおりに完了したか、予定より遅延したかを表したものです。規模別に23年度の最新データを見ると、予定どおりになる確率が13〜32.8％で、遅延した確率が16％〜51.7％になっています。ここでも規模が大きいほど予測が難しい(見積りとのズレが大きい)ことがわかります。

次に原因についてですが、その多くは計画時の考慮不足や仕様変更(スコープクリープなど)、システムの複雑さが挙げられています(**図1-1-8**)。規模が小さければ、先が見えやすいため計画時の考慮不足も減りますし、同時にスコープの追加や変更も検査・適応が効く範囲になるでしょう。

1.1 「ゼロリスク」が優先度判断を狂わせ、間違った失敗へ導く

図1-1-8 予定どおりにならなかった要因

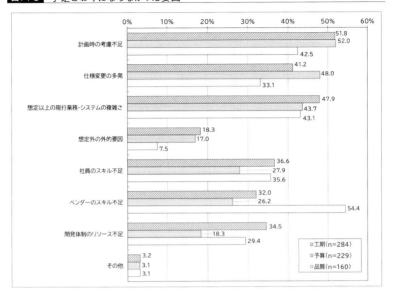

出典：図表 8-1-4 予定どおりにならなかった要因（工期）（複数回答）
https://juas.or.jp/cms/media/2024/04/JUAS_IT2024.pdf

　見積りが大事という話がある一方、その見積りは**だいたい外れる**というデータもあります（**図1-1-9**）。x軸に計画（見積り）があり、y軸が実績数値ですが、下の線より下にあるものは予定どおりに完了、上にあるものは計画時よりも遅延しています。計画が小さい（左下）ときはおおよそ計画どおりに完了しますが、計画が大きければ大きいほど完了時間のズレは大きくなります。

　こうしたデータを見ると、見積り（設計力ともいえる）の精度は、プロジェクトの成功・失敗に大きな影響があります。見積り精度を上げるには組織の経験学習、ひいてはエンジニアのレベルアップが必要になります。

　一番良い方法は、自分たちのチームの見積り精度からの**ズレをデータとして提供すること**です。たとえば、今のチームで開発したプロジェクトの「計画」と「実績」を工数として記録します。すると傾向値として、たとえば5人月以上だと予実工数がズレ始めるといったデータが提供可能になり、それをヒントとして計画が作れます。

第1章 「間違った批判」から生まれる「間違った失敗」

図1-1-9 見積りの精度

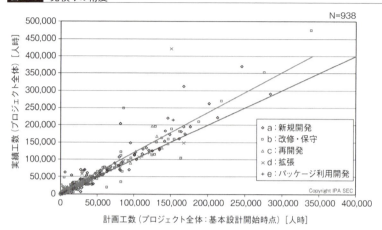

出典：「ソフトウェア開発データ白書2018-2019」独立行政法人情報処理推進機構 社会基盤センター
https://www.ipa.go.jp/archive/publish/wp-sd/sd2018.html

「不安の定量化」によって、エンジニアの開発時間をなくしてしまう失敗

　ここまでゼロリスクという思考がもたらす間違った行動パターンを見てきました。あらためてこれらの行動の根っこの部分を考えてみると、ムダな**"不安"の定量化**が原因のことが多いと感じています。

　不安な気持ちはエンジニア以外のPdM（プロダクトマネージャー）や事業責任者、開発マネージャーのメンバーがもつことが多く、「なぜ見積りがズレたり開発が遅れたりするのかわからないから、開発生産性を定量化してモニタリングしていこう」「開発の進捗がブラックボックス化しているから、定例会議を増やしていこう」「なぜ人を増やしたのに開発速度が上がらないのか、担当者に理由を調査させよう」といった行動をすることがあります。不安な気持ちを何かの数値（開発生産性や進捗数値）で表出化させて満足することを「不安の定量化」と呼んでいます。これらは開発以外の作業時間、説明時間が増えることを指します。本来、開発する時間を多く取ることでwin-winな環境作りになるはずが、逆に効率を悪くしています。

　そもそもエンジニアリングは非常に不確実性に富んでおり、そのソフトウェアを作っているエンジニア以外からはブラックボックスに見えます。

1.1 「ゼロリスク」が優先度判断を狂わせ、間違った失敗へ導く

なぜ他社だとできることがうちの開発組織に頼むと「できない」というのか、または膨大に工数がかかるのかという問いが生まれます。

エンジニアはそんな不確実な状態に慣れすぎているともいえます。ソフトウェア開発は、システム、プロダクト、組織のどこを切り取っても複雑に絡み合っており、作る機能の見積り工数も正確には当たらないですし、システムが急激に思いもよらない挙動をします。ソースコードの意図がつかめずスパゲッティー状態になっていることもしばしばです。

エンジニア以外から見ると、なぜ簡単そうな仕様実装がこんなにも時間がかかるのか、逆になぜこんな難しそうなことが一瞬でできるのか、なぜ多くのバグが出るのか、イメージがつきづらいものです。こうしてエンジニアとその周辺にいるステークホルダーとは、多少なりとも摩擦が生じます。摩擦が多い場合には、エンジニアとたくさん話をして理解するしかありません。

そうなるとエンジニアは**説明責任からは逃げられません**。後述するフロー状態と呼ばれる"継続したゾーンに入る時間"がどんどんなくなっていきます。

進捗を管理しているマネージャーやPMは、エンジニアしか知り得ない情報が多い場合、会話量を増やしたいので決まった時間に定例を用意したり、疑問点があればSlackでその都度聞いたりします。すると当然、タスクのタイムボックスの違いでまとまった**開発の時間が取れなくなります**。さらに目標スケジュールに間に合わせようと開発時間を伸ばしていくので、根本的なブラックボックスを組織間で取り除く作業時間もなくなっていきます。

たとえば、状況を知るためには、以下の事象が発生します。

- WBS（*Work Breakdown Structure*）の詳細化が求められる（問題：細かすぎるとすぐにズレるので「管理のための管理」が増える）
- 開発生産性をチームのためではなく存在価値に使う（問題：自社のエンジニアの生産性を確かめたくなる）
- 説明責任の時間が増える（問題：詳細を知りたいので、PMやマネージャーと開発リーダーとの会話時間が増加し、開発時間が減る）

これらはどれも一定数必要なものですが、時間をかけすぎては開発する時間がなくなり、本末転倒になりがちです。特に開発生産性の可視化につ

> 第1章 「間違った批判」から生まれる「間違った失敗」

いては、監視のために使うことはアンチパターンで、自分たちのケイパビリティ向上のために使わなければ逆効果になるケースもあります。

こうした状況の中では、エンジニアは予測のズレやバグが出ないように見積りや計画に時間をかけるようになったり、開発生産性の指標をハックして無理やり数値をよく見せる行為に進みがちです。

■エンジニアは1時間に13回タスクを切り替えている

不安の定量化に陥らないためには、継続的なフロー状態の有効性を考えていきます。

開発者が数時間にわたって集中し続けることができる「**継続的なフロー状態**」の創出は、ソフトウェアを作り上げる作業にとって最も重要なものです。

思考の流れが途切れず、問題解決やコードの実装がスムーズに進行する状態をフロー状態といいます。組織やチームで動いているエンジニアであれば、フロー状態(ゾーン)に入っているにもかかわらずミーティングの時間が来てしまい集中力が途切れてしまうといった経験をしたことがあるはずです。そのときの喪失感は大きく、ミーティングが終わって作業を再開してもうまく捗らないことがあります。

あるデータを見ると、エンジニアは約6分間集中して、1時間に13回タスクを切り替えています。ソフトウェア開発の多くはチームで作業をしているため、コードを書く以外にもSlackに返信したり、ミーティングをしたり、プルリクレビューをしたりします。

> Developers reported that they usually feel most productive when they make progress on tasks and when they have only a few context switches and interruptions. However, observing developers' workdays revealed that they constantly switch contexts, often multiple times an hour. For example, developers switched tasks on average 13 times an hour and spent just about 6 minutes on a task before switching to another one.
>
> 開発者たちは、タスクの進捗を感じるときや、コンテキストの切り替えや中断が少ないときに最も生産的だと感じることが多いと報告しています。しかし、開発者の労働日を観察すると彼らは絶えずコンテキストを切り

替えており、しばしば1時間に何度もこれを行っています。たとえば、開発者は平均して1時間に13回タスクを切り替え、約6分間タスクに集中して別のタスクに移っています。

出典：Rethinking Productivity in Software Engineering Chapter Developers' Diverging Perceptions of Productivity　https://link.springer.com/chapter/10.1007/978-1-4842-4221-6_12#Sec3

なぜ、こうした継続的なフロー状態が生まれにくいのかについて、書籍『ハッカーと画家』で有名なポール・グレアム氏は以下のように記しています。

There are two types of schedule, which I'll call the manager's schedule and the maker's schedule.
The manager's schedule is for bosses. It's embodied in the traditional appointment book, with each day cut into one hour intervals. You can block off several hours for a single task if you need to, but by default you change what you're doing every hour.
　～
there's another way of using time that's common among people who make things, like programmers and writers. They generally prefer to use time in units of half a day at least.
You can't write or program well in units of an hour. That's barely enough time to get started."

スケジュールには2種類あり、マネージャーのスケジュールとメーカーのスケジュールと呼びます。
マネージャーのスケジュールは上司向けです。1日が1時間間隔で区切られた、従来の予定表です。必要に応じて、1つのタスクに数時間を割り当てることもできますが、デフォルトでは1時間ごとに実行する内容が変更されます。
　（中略）
しかし、プログラマーやライターなど、ものを作る人たちによく見られる別の時間の使い方があります。
少なくとも半日単位で時間を使うことを好むのが一般的です。1時間単位では、うまく書いたり、プログラムしたりすることはできません。1時間は、始めるのにかろうじて十分な時間です。

出典：MAKER'S SCHEDULE, MANAGER'S SCHEDULE
　　　https://www.paulgraham.com/makersschedule.html

▶第1章 「間違った批判」から生まれる「間違った失敗」

　この記事の「メーカー」はエンジニアといったモノを作る作業を行う人たちを指し、「マネージャー」はメーカーに指示を出して管理する人たちを指します。つまり、エンジニアやデザイナーと、マネージャー（開発マネージャーやPM、PdMを含む）の関係性です。

　ポール氏によると、マネージャーの作業のスケジュールが1時間単位であることが多いのに対して、メーカー（エンジニア）は少なくとも半日単位で作業をすることが好ましいです。1時間では、大きな問題を解決する準備ができる程度です（**図1-1-10**）。

　こうしたタイムボックスの違いによって、集中したい時間に複数のミーティングが細切れに入っていたり、そもそも開発以外の時間が多かったり

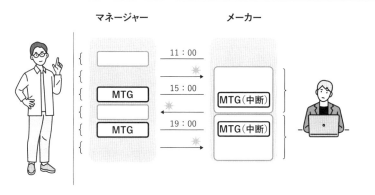

図1-1-10 マネージャーとメーカーのタイムボックスの違い

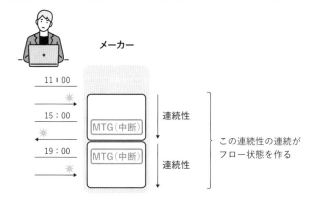

図1-1-11 時間の連続性がフロー状態を作る

するとフロー状態ができず、比較的静かな定時後に作業を行うことになります。すると残業が多くなり、メンタル的にも疲弊していきます。

つまり、ミーティングとミーティングの間に1時間が2つある状態での開発生産性と、2時間まとまった空きがある状態での開発生産性は等価ではありません。その時間の連続性が非常に重要です（**図1-1-11**）。

■ **開発生産性フレームワークに見るフロー状態の重要性**

近年、有名になっている開発生産性のフレームワークでもフロー状態の重要性が述べられています。

「SPACE」は、『LeanとDevOpsの科学』の著者の一人であるニコール・フォースグレン氏も作者に入っているフレームワークで、開発生産性を1つの次元（*a single dimension*）、または指標で表すことは難しいことを背景に、以下の5つの指標を提示しています（**図1-1-12**）。

- Satisfaction & Well-being（満足度と幸福度）
- Performance（パフォーマンス）
- Activity（アクティビティ）
- Communication & collaboration（コミュニケーションとコラボレーション）
- Efficiency & flow（効率とフロー）

最低でも3つはバランスを見て取り入れ、少なくとも1つはアンケートデータなどの定性的な指標を含めることも推奨しています。

また、個人のパフォーマンスだけではなく、3つの適用するレベル（個人、グループ、システム）で計測することを推奨しています。たとえば、Pull Requestの数やマージまでの時間を計測する際、特定の誰かのパフォーマンスが高くてもチーム全体を見たときに低ければ意味がありません。

コードレビューを疎かにして個人のタスクを高速に進めれば個人の計測数値は上がりますが、その分コードレビューをしていないのでほかのメンバーの開発生産性が上がっていない、ひいてはシステムの改善が進んでいないことは往々にしてあります。

この場合、バックログにWIP（*Work in Progress*）をかけて進行中タスク数に制限をかけるほか、トランクベース開発を導入して同期的なコードレビューを実現し、レビュアーはレビュー依頼がきたら今の作業を一時的に

▶ 第1章 「間違った批判」から生まれる「間違った失敗」

図1-1-12　SPACEでのフロー状態

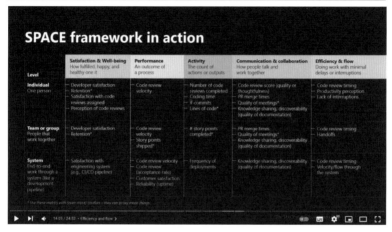

出典：Introducing Developer Velocity Lab to improve developers' work and well-being
https://youtu.be/t7SXM7njKXw?si=e1pMZxBKr1iHH-ob&t=844

止めてコードレビューを行うといったルールを定着させるなどの改善策をとります。

「SPACE」の「**Efficiency & flow**」には、生産性＝作業の中断や遮断を最低限に抑え、「フロー状態」に入れることの重要性が述べられています。

> Some research associates productivity with the ability to get complex tasks done with minimal distractions or interruptions. This conceptualization of productivity is echoed by many developers when they talk about "getting into the flow" when doing their work—or the difficulty in finding and optimizing for it.
>
> ある研究では、生産性を「複雑なタスクを、遮断や中断を最小限に押さえて完了させる能力」と関連付けています。この生産性の概念は、多くの開発者が自分の仕事をしている際に「フロー状態」に入り、またはそれを見つけて最適化することの難しさを反映しています。

30

1.1 「ゼロリスク」が優先度判断を狂わせ、間違った失敗へ導く

表1-1-1 開発生産性の指標

指標	指標の概要	使用例
Feedback loops	フィードバックループは、行動に対する反応の速度と品質を指す。迅速なフィードバックは、開発者が作業を迅速かつスムーズに完了することを可能にする	・コードの再コンパイルやテスト実行の待ち時間の短縮 ・コードレビューの承認待ち時間の削減
Cognitive load	認知負荷は、開発者がタスクを遂行するために必要な精神的処理量を指す。不必要な障害を排除し、コードやドキュメントの整理によって認知負荷を減らすことが重要	・よく整理されたコードとドキュメントの作成 ・開発者が利用する自己完結型のツールの提供
Flow state	フロー状態は、活動に没頭しているときの集中状態を指す。この状態は、生産性、革新性、従業員のスキルアップにつながる	・会議の集中スケジューリングや計画外の作業の最小化 ・開発者に自律性を与え、挑戦的なタスクへの取り組みを奨励

　もう1つ、2023年に「DevEx: What Actually Drives Productivity」（https://queue.acm.org/detail.cfm?id=3595878）という研究論文が発表され、話題になりました（DevExは *Developers Experience* の略で、開発者体験のことです）。SPACE同様、測定範囲として「個人、チーム、組織レベル」といった幅広いレイヤに対して焦点を当て、開発生産性を考えるべきだと提案しています。どういった観点で計測するべきかについて、**表1-1-1**の3つが提案されています。

　ここでも「**Flow state**」という形でフロー状態が開発生産性に寄与する旨が提案されています。2つの開発生産性に関するフレームワークを見ても、開発者のフロー状態が生産性に及ぼす影響はわかります。

　フロー状態を可視化する・作り出すのはその重要度が組織で共有できれば比較的に簡単で、開発作業と開発以外の割合を見ていけば定量的に出せます。たとえば、Googleカレンダーを使っていれば、APIが公開されているのでデータを取得してもよいでしょう。Slackに関しても、どれだけメッセージがメンション付きで流れているかはシステマチックに取得可能です。こうしたデータは傾向値であり真値ではありませんが、組織の現状を表出化させるデータであり、前に進めることに使えます。

第1章 「間違った批判」から生まれる「間違った失敗」

■個人が生産的と感じる時間も違う

フロー状態に関してもう一ついえることは、たとえフロー状態の阻害要素をできるだけ減らしたとしても（たとえばミーティングの時間を特定の時間に集中させたり、ステークホルダーを少なくしたり）、個々が生産的に感じる時間・習慣も違うことです。

図1-1-13は、エンジニアが生産的と感じる時間帯のデータです。湾曲した回帰線は、個々の開発者が信頼範囲を示す影付きの領域で生産的だと感じた日の全体的なパターンを示しています。朝の人々はまれで（20%）、最大のグループは午後の人々（40%）です。

これらの結果は、開発者が多様な生産性パターンを持っている一方で、個人が毎日自分の習慣的なパターンに従っているように見えることを示唆しています。つまり全員のフロー状態を考えて、すべて整合性を取るのは非常に難しく、どこかでフロー状態を犠牲にすることになります。

図1-1-13 生産的と感じる時間

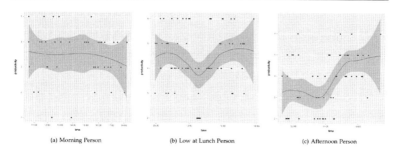

出典：Three types of developers and their perceptions of productivity over the course of a workday　https://www.researchgate.net/figure/Three-types-of-developers-and-their-perceptions-of-productivity-over-the-course-of-a_fig1_332921842

1.2 人を増やせば早くなるという認識が招く予算投入の失敗

　ここまでは、間違ったゼロリスク主義が招く失敗として、以下の3つを見てきました。

① システム障害を起因とした内部品質の軽視による間違った失敗
② 見積りの不確実性への誤認識による間違った失敗
③ 上記の2つのゼロリスクによって生まれる余計な作業で、エンジニアの開発時間をなくしてしまう失敗

　本節と次節では、ソフトウェア開発のプロセスから少し離れて、エンジニアと一緒に活動するPdMや事業責任者によるエンジニアリングに関する失敗を2つ見ていきます。

❷ 人を増やせば早くなるという認識が招く予算投入の失敗
　④ 予算権限を持っている事業責任者による、開発を早くするには人を増やせばよいという間違った認識の失敗
❸ 仮説の検証にならない実験を繰り返す失敗
　⑤ 日々の仮説検証で無駄な機能が増えても捨てられないことで、運用コストが上がっていく失敗

　まずは、人を増やせば早くなるという認識が招く予算投入の失敗から見ていきましょう。

　事業の急成長や資金調達による予算の調達が完了すると、多くの予算の使いどころは人材への投資です。事業をスケールしたい中でやりたいことはたくさん思い付くが「エンジニアのリソースがない」「良いエンジニアを採用できない」、それがゆえに市場優位性が作れないというもどかしい思いをしている事業責任者も多いでしょう。積極的にエンジニア採用に予算を投下し、開発組織のブランディングや採用チャネルの強化、エンジニアの外部露出を増やしたり、全員採用という形でエンジニア全員で採用活動を行う企業も増えてきました(**図1-2-1**)。

第1章 「間違った批判」から生まれる「間違った失敗」

図1-2-1 エンジニア採用市場

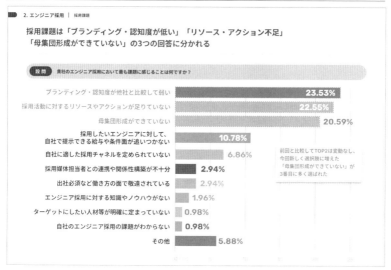

出典：エンジニア採用トレンド分析企業調査レポート（Findy）
https://form.findy-code.io/enterprise-service/wp_companyreport_202409/

　一方、無事に人を増やせる環境が作れたとしても、その先には問題が発生します。**「なぜか、人を増やしても生産性が上がらない」**という問題です。

作れば作るほど、人員投入による効果は薄くなる

　ソフトウェア開発は、**作れば作るほど人員投入は難しくなる**という性質をもっています。これはソフトウェアというモノの特性が大きく関係していますが、Christian Ciceri氏の「ソフトウェアアーキテクチャメトリクス」には「エントロピーがソフトウェアを殺す」という表現があります。
　エントロピーとは、熱力学や情報理論で使われる用語で、無秩序な状態の度合い（熱力学）や情報の不確実さの度合い（情報理論）を示す量のことです。「部屋の散らかし度合い」を例に考えてみましょう。

- 部屋がきれいに片付けられている状態（秩序がある状態）→エントロピーが小さい

- 部屋が汚れている状態（無秩序な状態）→エントロピーが大きい

　つまり、無秩序な状態や不確実性が大きいほどエントロピーは大きくなり、秩序がある状態のことをエントロピーが少ないといいます。

　エントロピーに関する有名な理論として「エントロピー増大の法則」があります。自然法則として、エントロピーは常に「小さい→大きい」方向に進み、逆に「大きい→小さい」には進まないという法則です。秩序がある状態から無秩序な状態へと必ず進み、無秩序な状態から秩序がある状態に戻ることはありません。

　ソフトウェアは、どんなに気を付けていても、作れば作るほど初めて0→1を作り上げたときよりも複雑になります。月日が経てば開発に関わる人も入れ替わり、使用している技術も変わり続けなければサポート切れや提供終了のリスクが生じます。

　開発のフェーズで考えると、チームの組成やソフトウェアができたての状態では、チーム内のドキュメントルールが浸透しており、形骸化も起きていません。また、ソフトウェア自体も必要最低限の機能に絞られているため、全体の仕様把握が容易であり、多少荒削りな部分があっても皆が理解しています。

　こうしたソフトウェア保守に関する法則の一つとして、「**リーマンの法則**」があります。「Programs, Life Cycles, and Laws of Software Evolution」というM. Lehman氏の論文では、ソフトウェアの保守性について3つの法則が提唱されています。

- リーマンの第1法則
  使われるシステムは変化する（ミドルウェアやOSのバージョンアップなど）
- リーマンの第2法則
  進化するシステムは、複雑性を減らす取り組みをしない限り、複雑さが増す。これはエントロピーが増すともいえる
- リーマンの第3法則
  システムの進化はフィードバックプロセスによって決まる（ユーザーの声や利用者の増加によって）

　ソフトウェア開発を行うエンジニアであれば、どれも身に覚えのある感覚でしょう。

第1章 「間違った批判」から生まれる「間違った失敗」

　無秩序の状態をもとの秩序がある状態に戻すには、日々、リファクタリング（保守性を高める活動）を行い、いずれはリプレイスといった作りなおしをする必要があります。しかし、多くの現場ではそれがかなわず、混沌としたシステムができあがります。この原因の一つは、「どこまで行けば自分たちが手懐けられるシステムなのか」を定量的に判断できないためです。今のメンバーは、自分たちが作ったシステムなので慣れており、属人化しているため特に不便を感じないこともあるでしょう。

　それを意識するのは、**外部からの関与**が発生したり、新しいメンバーが開発に参画したりするときです。外部からの関与とは、たとえば、プロダクトを作る際に異なるチームと協業したり、外部コンサルや市場の評価を受けたりするときです。その際、自分たちの開発スピードが遅いことや、機能開発にかかる工数が多いことなどが明らかになり、他チームとの違いが見えてきます。また、新しいメンバーが参画する際には、オンボーディング（受け入れ対応）が必要です。チームのルールや開発のルール、既存システムのアーキテクチャの理解など、多くの「理解」と「適応」が求められます。

　オンボーディングが成功するかどうかは、参画したメンバーがどれだけ早くチーム文化に慣れ、チームの一員として生産性を発揮できるかにかかっています。しかし、オンボーディングのドキュメントが整備されていなかったり、属人化している部分があると、オンボーディング期間が長くなり、既存メンバーのリソースを削るため、チーム全体の生産性が低下します。特にリリース直前で炎上しているプロジェクトでは、人員をいくら投入しても生産性は向上せず、2倍の人員を投入しても生産性は2倍にはならないのです。

　予算の投資対効果を考えると、チームとソフトウェアのエントロピーが少ない状態（秩序があり操作しやすい状態）での人員追加は、生産性向上に効果的です。一方、エントロピーが自然と高まってしまうことを考えると、エンハンス開発とは異なる、内部品質を向上させるための追加開発には予算が必要です。さらに、どんなに内部品質を向上させても、エントロピーの増大を完全に防ぐことはできず、いずれはシステムの作りなおしが必要となります。たとえば、最初に10人月（750万円）で作ったシステムでも、再構築する際には仕様の踏襲やデータ移行が必要となり、20人月（1,500万

円)かかることもあります。

このように、ソフトウェアとチームのエントロピーの変化を意識しながら、どのタイミングで予算や人員の投入を行うかが腕の見せどころでしょう。

採用の質と育成のバランス

人員投入による失敗という文脈では、前述のオンボーディングについて語られることが多いですが、足もとを観察すると、実はチームに合わない人を「採用するリスク」が増えることに寄与している点にも注意が必要です。

当然のことですが、チームの生産性はたった1人の行動で簡単に揺らぎます。そのため、人員を一気に増やしたり、採用リードタイムを短縮したり、採用する人を妥協すると、採用の精度が低下します。結果として、チームに合わない人が参画する確率が上がります。

そうなると、現在のチームメンバーは徐々に離れ始め、新しく参画した人も期待値と違うため早期離脱が発生し、結果としてメンバーが定着しません。これにより、採用コストが増加するだけでなく、文化が安定しないため、チームのあり方が揺らぎ、ソフトウェアの複雑性も増していきます。逆に、優秀な人がチームに参画した場合、コミュニケーションパスの問題やオンボーディングの問題を能動的に解決してくれるため、必ずしも「人が増える＝生産性が下がる」というわけではありません。

一方で、採用の質を下げたとしても、**育成基盤が整っている場合**は話が別です。どんな人がチームに入ってきても、しっかりと育成できる文化があれば、採用の質やハードルを下げても問題ありません。エンジニアであれば、スキル面での育成プログラムや、志向性・キャリア形成のためのパターン・ランゲージの早期導入、評価制度など、多岐にわたるサポートがあれば、採用のハードルを調整できます。このバランスを誤ると、ハードルを下げてはいけないところで下げてしまい、人員投入における投資対効果が悪化する可能性があります。

1.3 仮説検証にならない実験を繰り返して疲弊する失敗

　チーム開発をしている中では、「正しいものを作れているのか」が一番重要な問いとなるでしょう。すべてがユーザー価値につながる正しいモノを作れるわけではありませんが、失敗するプロジェクトには共通点があります。必ず成功する「銀の弾丸」はありませんが、失敗するプロジェクトにはある特徴が見られます。それは、**仮説を検証できる適切なソフトウェアの形になっていない**ことです。

モチベーションや愛着が低下する

　このような状況が発生すると、PdMを中心に「数打てば当たる」戦略（戦略の方向性があいまい）になりがちです。開発チームのメンバーは、なぜこれを作っているのか疑問を持ち、モチベーションが低下します。その結果、無駄に稼働率が100%となり、内部品質に手を入れることができなくなります。

　また、受動的なマインドで**「言われたものを作る」**という姿勢が強まり、プロダクトへの愛着もなくなってしまいます。開発しているものがちゃんとユーザーの価値になっているかを確認するためには、仮説に対して検証方法が確立されている必要があります。しかし、多くの現場で間違ったMVP（*Minimum Viable Product*）の解釈が適用されていることが多いです。

　よく目にするのは、実装するべき各機能がありエンジニアがそれらの工数見積りをすると、PdMを中心にとりあえず工数が大きそうな機能を削ってしまうことです。これはなんちゃってMVPとなっており、とにかく小さく作ればよいというものでありません。本来は、仮説に対して**検証サイズが無駄に大きい場合**はMinimizeされるべきで、けっして工数や実装難易度でMVPのMV（*Minimum Viable*）を定義してはならないのです。

　つまり、もっと検証方法を小さくしても仮説の立証ができるのではないか考えていきます。逆に仮説が検証できなければ意味がないため、時には工数を大きくかけてMVPを作ることもあります。

「捨てられない」失敗

仮説検証に関連してよく見られる現象として、プロダクトや機能を**捨てられない**という問題があります。

特に、昨今のスピード感が求められるアジャイル開発体系では、仮説検証の中で小さく作り、小さくリリースすることが主流となっています。当然、このプロセスでは「必要かどうかわからないけど、試しに作ってみよう」という意思決定が働くため、本来であれば「だめだったら捨てよう」という判断がセットで行われるべきです。しかし、実際にはそういった事例は少なく、「せっかく作ったから」という感情(サンクコストといいます)が働き、捨てる判断が難しくなります。開発するという作業にはモノづくりにかけた時間的な想いやこだわりがあるため、この感情が生じるのは自然なことです。

ソフトウェア資産の蓄積と運用コストを忘れない

そのうえでソフトウェアという性質上、開発した資産の**蓄積**と**運用コスト**が存在することを忘れてはいけません。ソフトウェアは作れば作るほど捨てない限りは常に蓄積されていきます。つまり、それを運用する時間も同時にかかってきます。

仮説検証を繰り返していると「その仮説が駄目だったら次の仮説へ」といった速さに意識がいきますが、そのぶんソフトウェアの資産は蓄積していきます。そして、スピードを重視したあまり良いモノを作れずに、メンテナンスコストがかかるソフトウェアを作り続けると負債が大きくなり、資産価値が低いにもかかわらず、運用コストが高いものができあがり投資対効果が低くなります。

すると、同じ人件費をかけているにもかかわらず徐々に開発スピードが遅くなっていきます。本来やりたい新規開発・エンハンス開発といった価値がある開発ではなくメンテナンスに時間を使い、終いにはシステム障害が頻繁に起こり売上損失を作ってしまいます。

そうならないためにも、日ごろから現状を維持するための保守開発と呼ばれる、リファクタリングやセキュリティ対策、ミドルウェアのバージョ

ンアップなどに一定の工数を割きながらソフトウェアを作っていくことが重要でしょう。

■追加投資なしの現状維持は後退を意味する

「捨てられない失敗」に陥るもう一つの原因は、一度リリースされると、そのプロダクトや機能が**追加投資なしで価値を生み続けると錯覚される点**にあります。

たとえば、多少の売上が上がっている、SaaSであれば数社が利用している、あるいは機能の一部が多少なりとも流入を生んでいるといった理由です。「動いているからもったいない」「競合が追いついてくるまでは現状維持でいこう」といった選択には、多くの運用コストが潜んでいます。

ソフトウェアにおいて、追加投資なしの現状維持は**後退**を意味します。ミドルウェアやデータベースのバージョンアップを行わなければ不具合が発生し、その対応が必要になります。その機能に関連するソースコードは徐々に複雑化し、保守できる人が属人化することも避けられません。そうなると、その担当者が退職した際には新しい人を立てる必要があり、オンボーディングコストも増加します。さらに、問い合わせ対応や障害対応といった運用作業も発生します。「追加投資をしていないから追加コストも発生しない」と考えるのは安直であり、その周辺にある運用コストも考慮し、総合的な判断をすることが重要です。

いくつかの観点から、間違った解釈から生まれる行動パターンを見てきました。次章では、この行動パターンの結果として生まれる「間違った失敗」とそれを「正しい失敗」に置き換える術を見ていきます。

1.3 仮説検証にならない実験を繰り返して疲弊する失敗

第1章 まとめ

- 開発プロセスのバリューストリームを意識すると失敗するポイントが見えてくる
- 内部品質や運用を軽視すると、システム障害の発生リスクや捨てられないプロダクトの運用コストが膨張する
- 見積りは4つの目的を認識することで、すれ違いによる失敗は防げる
- 不安の定量化が大きくなるとモノを作る時間が削られ、フロー状態がなくなる

参考文献

- 「ISO/IEC 25010」https://iso25000.com/index.php/en/iso-25000-standards/iso-25010
- Steve McConnell 著／溝口真理子、田沢恵訳／久手堅憲之監修『ソフトウェア見積り──人月の暗黙知を解き明かす』日経BPソフトプレス、2006年
- PMI日本支部監訳『プロジェクトマネジメント知識体系ガイド（PMBOKガイド）第7版＋プロジェクトマネジメント標準』一般社団法人PMI日本支部、2021年
- フレデリック・P・ブルックス Jr. 著／滝沢徹、牧野祐子、富澤昇訳『人月の神話──新装版』丸善出版、2014年
- Martin Fowler「What Is Failure」https://martinfowler.com/bliki/WhatIsFailure.html
- The Standish Group International, Inc.「CHAOS REPORT 2015」https://www.standishgroup.com/sample_research_files/CHAOSReport2015-Final.pdf
- 独立行政法人情報処理推進機構（IPA）「ソフトウェア開発データ白書 2018-2019」https://www.ipa.go.jp/publish/wp-sd/sd2018.html#howto
- 一般社団法人 日本情報システム・ユーザー協会「企業IT動向調査」https://juas.or.jp/library/research_rpt/it_trend/
- Caitlin Sadowski, Thomas Zimmermann「Developers' Diverging Perceptions of Productivity」https://link.springer.com/chapter/10.1007/978-1-4842-4221-6_12#Sec3
- Meir M. Lehman「Programs, Life Cycles, and Laws of Software Evolution」https://users.ece.utexas.edu/~perry/education/SE-Intro/lehman.pdf
- Paul Graham「MAKER'S SCHEDULE, MANAGER'S SCHEDULE」https://www.paulgraham.com/makersschedule.html
- 石垣雅人「なぜ、エンジニアの"フロー状態"は見落とされるのか？ 継続的なフロ

第1章 「間違った批判」から生まれる「間違った失敗」

　　一状態が開発生産性を高める」https://codezine.jp/article/detail/19022
- Abi Noda, Margaret-Anne Storey, Nicole Forsgren, Michaela Greiler「DevEx: What Actually Drives Productivity」https://queue.acm.org/detail.cfm?id=3595878
- Nicole Forsgren,Margaret-Anne Storey, Chandra Maddila, Thomas Zimmermann, Brian Houck, Jenna Butler「The SPACE of Developer Productivity」https://queue.acm.org/detail.cfm?id=3454124
- Duncan P. Brumby, Christian Janssen & Gloria Mark「How Do Interruptions Affect Productivity?」https://www.researchgate.net/publication/332917086_How_Do_Interruptions_Affect_Productivity
- マシュー・サイド著／有枝春訳『失敗の科学』ディスカヴァー・トゥエンティワン、2016年

第 2 章

「間違った失敗」から「正しい失敗」へ

第2章 「間違った失敗」から「正しい失敗」へ

本章では、第1章で述べてきた間違った失敗(結果)を引き起こす行動を抽象化してパターン化し、さらに正しい失敗へと置き換える方法について述べていきます。

2.1 「正しい失敗」はなぜ必要か

「失敗」という現象は、ビジネスサイドやエンジニアサイドのどちらかに責任があるというわけではなく、昨今の市場環境を鑑みれば、避けられないものです。むしろ、失敗しないと成長しないといっても過言ではありません。現代のシステムは、クラウドサービスを中心に周辺サービスがコモディティ化しており、誰でも平等に利用できる武器となっています。以前のように、ゼロからすべてを開発する必要がなくなり、簡単にサービスや機能を立ち上げることが可能です。生成AIの発展もその流れを加速させるでしょう。

スピード感をもって成果物を作り、市場に問い、間違ったらピボットしてやりなおすことが、予算的にも容易になってきました。競合が高い機能優位性を持っている場合、予算を投入して開発速度を上げ、同様の機能を短期間でリリースするという動きも加速しています。プロダクトマネジメントにおいては、TTPS(徹底的にパクって進化させる)が、よりスピード感を持って実践されるようになっています。

失敗とリカバリーのエンジニアリング

スピード感を獲得すると同時に、失敗は避けられません。しかし、そのリカバリーを迅速に行うことがエンジニアリングの進化によって可能になってきました。小さく成果物を作り、短期間でリリースすることは、大きな予算の失敗を防ぐ手段として有効です。また、ボタンデザインの色を変え、50%のユーザーにのみ見せて効果を測るといった簡単な検証も、ツール上で完結する場合があります。さらに、たとえシステム障害が発生しても、デプロイパイプラインが整備されていれば、ユーザーに気付かれない

まま迅速にロールバックすることが可能です。これは現在の技術レベルでは比較的容易に実現できます。

こうした競争優位性としての**失敗に対応するエンジニアリング**の強化は企業競争の観点でもとても重要です。大事なのは、技術進化のスピード感と同時に**組織文化のレベル**も上がっていかなければいけないことです。

本章では、組織文化をはぐくむために「間違った失敗」から「正しい失敗」へと促すための3つの対比を述べていきます。

- 「隠された失敗」から「透明性のある失敗」へ
- 「繰り返される失敗」から「学べる失敗」へ
- 「低リスクなムダな失敗」から「リスクを取った学べる失敗」へ

端的にいえば「間違った失敗」は、同じ失敗を繰り返し、それが隠されることで超大作な失敗となり、多くの予算を消費します。そうなると大きな挑戦を拒むようになり、低リスクな**小さい成功しか作れないチーム**になります。

正しい失敗を受け入れる文化の構築

「間違った失敗」を「正しい失敗」に置き換えるには、失敗を受け入れ、分析し、改善する文化を醸成していきます。失敗から速やかに学ぶプロセスがある状態、ある意味"**正しい失敗**"を経て成長できる組織を作っていきます。

『失敗の科学』(マシュー・サイド著)には、"Only by redefining failure will we unleash progress, creativity and resilience." という言葉があります。人は失敗を**再定義**することでのみ、「進歩」と「クリエイティビティ」「レジリエンス」を解き放つことができるという意味です。この3つは不確実性が高い環境下、チーム開発を武器にプロダクトを促進するのに必要なものばかりです。ここからはっきりいえるのは、プロダクトの成功は**失敗から学ぶ体力(レジリエンス)を身に着け、転びながら進んでいくのが一番手っ取り早い**ということです。失敗を怖がり小さい成功しか作れなければ、ユーザーに価値があるプロダクトは作れません。

それでは、これから3つの「間違った失敗」を見ていきましょう。

2.2 「隠された失敗」から「透明性のある失敗」へ

　間違った失敗の多くは、「**隠されること**」によって発生します。失敗を認めたくない気持ちや、チームや上司に共有することで嫌な空気になることを恐れ、特定の問題がブラックボックス化してしまうことが原因です。このような状況になると、課題の確認や発見が遅れ、結果として失敗が蓄積し、最終的には組織全体に深刻な影響を及ぼします。

　問題が発生してもそれが適切に報告されなかったり、見逃されたりすると、後に大きなシステム障害を引き起こす可能性があります。特に、バグが発生した際に迅速な報告が行われない場合、問題が拡大し、重大なトラブルへと発展するリスクが高まります。このような失敗の隠蔽や放置は、チームの透明性を欠き、結果的に開発効率の低下や品質の劣化を招くことになります。

課題は時間が経過すればするほど複雑化し膨張していく

　シンプルにいえば、課題は時間が経過するほど**複雑化し膨張していく**ため、解決には膨大な時間とコストがかかるようになります。初期段階での小さな問題は早期に対処することで簡単に解決できますが、時間が経つにつれてデッドラインが迫り、**解決に使える手段が限られてきます**（**図2-2-1**）。その結果、単調に予算を投下して人員を増加させるといったパワープ

図2-2-1　時間の経過により解決手段が限定される

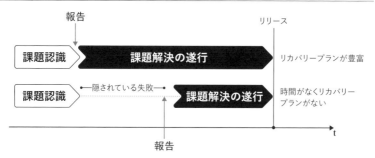

レイに頼らざるを得なくなります。オンボーディングコストなど、通常であれば時間をかけて対処できるリスクが顕在化している中で、突き進むしかなくなるのです。

初期の段階で見つけられたバグは、コードの一部を修正するだけで済むことがありますが、それが見逃され進行してしまうと、システム全体の再設計が必要になることがあります。このような場合、修正に必要な時間とコストは飛躍的に増大します。課題が長期間放置されることで、プロジェクト全体の進行が遅れ、納期遅延やコストオーバーランのリスクが高まります。特に、大規模プロジェクトで初期の設計ミスが後に発覚すると、修正に多大なリソースを要し、ほかの作業が滞ることになります。その結果、プロジェクト全体のスケジュールが遅れ、顧客への納期が守れなくなる可能性が高くなります。

透明性の確保がもたらす効用

このような問題を防ぐためには、組織内の「透明性」を高く保つことが重要です。

アジャイルのフレームワークとして有名な「スクラム」では、**透明性・検査・適応**という三本柱が強調されており、チームの状態をオープンにすることで改善のサイクルを回しやすくする重要性が説かれています。透明性とは、チームのメンバー全員が現在の状況や進捗、課題について共通の理解を持つことです。透明性が高い組織では、情報がオープンに共有され、どのような状況かをすぐに把握できる状態が保たれます。すると問題が早期に発見され、迅速に対処することが可能になります。

これらの問題は、組織やチームの規模が大きくなるほど発生しやすくなります。少人数のチームでは、メンバー全員が日常的に顔を合わせ、自然に情報交換が行われるため、問題はすぐに共有されます。しかし、チームの規模が大きくなると、情報の伝達が遅れたり、部分的にしか共有されなかったりすることが増えます。大規模な組織では、情報の断片化やコミュニケーション不足により、問題が見えにくくなり、課題の早期発見や迅速な対応が難しくなります。その結果、組織全体のパフォーマンスが低下することがあります。

▶第 2 章 「間違った失敗」から「正しい失敗」へ

　透明性を高く保つためには、組織全体での**失敗したことも含めた情報共有を促進するしくみ**を導入することが重要です。詳しくは、第7章で失敗を記録していくプロセス（しくみ）の構築について述べます。

　ソフトウェア開発における「隠された失敗」は、組織にさまざまな悪影響を及ぼします。問題が早期に発見されず、適切な対策が講じられないまま進行することで、組織全体の健全な成長と発展が阻害されるのです。このような課題を認識し、透明性のあるコミュニケーションと問題解決のプロセスを確立することが求められます。

隠された失敗は超大作な失敗を作る

　ソフトウェア開発において最も避けるべき失敗は、工数をかけて作り上げたものが、直前になって大きな課題に直面し、リリースできなくなることです。または、ゼロから作りなおしが必要になることです。このような失敗は、イニシャルコストを失うだけでなく、リリースによって得られるはずだった価値（売上など）も失い、ユーザーフィードバックを通じた学習の機会も逃すことになります。ソフトウェアの特性上、完成したものの一部を再利用してほかに活かす方法もよく取られますが、当初期待していた効果に比べると微々たるもので終わることが多いです。

　さらに、こうした事態が続くと、エンジニアのモチベーションも低下していきます。エンジニアが高いモチベーションを持たない限り、**良いものは作り続けられない**でしょう。

　こうした事象は、以下の3つのどれかが原因となり発生することが多いです。

- できあがったものが想定と違う
- 直前で大きな課題を発見し、解消には根本からの作りなおしが必要になる
- 外的要因で、リリース直前に必要ではなくなる

　「できあがったものが想定と違う」というケースは、エンジニアとプロダクト責任者の間でよく見られる現象です（**図 2-2-2**）。

2.2 「隠された失敗」から「透明性のある失敗」へ

図2-2-2 ブラックボックスにより想定と違ったものができあがる

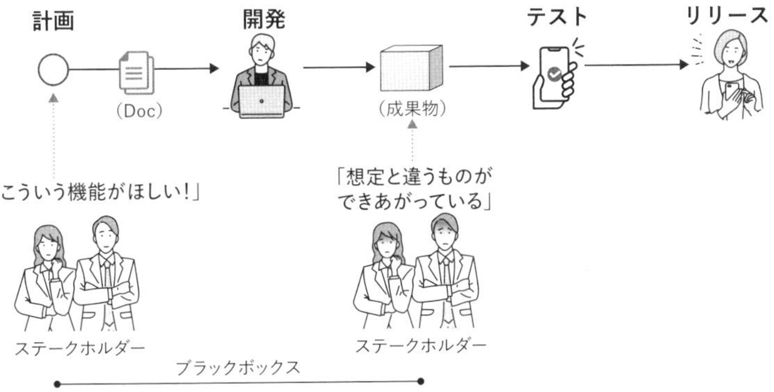

　開発の計画段階で「この機能があったほうがよい」という要望がチーム内で議論され、プロダクト責任者が正式に開発チームと連携します。多くの場合、開発チームはその機能の実装に責任を負い、成果物の完了基準をすり合わせて進めます。

　しかし、リリース前に蓋を開けてみると、想定と違うものが上がってくることはしばしばあります。レポートラインをしっかり整えておけばリリース前にこの問題に気付き修正可能ですが、プロジェクトの規模やステークホルダーの忙しさによっては細かく進捗管理をせずにリリース直前になってさまざまな課題が浮き彫りとなる手戻りが行われます。もしくはリリースしたあとに不具合を発見し、ロールバックすることもあるでしょう。

■仕様と成果物の間に生まれるブラックボックスの原因

　この仕様と成果物の間にあるブラックボックスは、なぜ起こってしまうのでしょうか。

- コミュニケーション不足
  エンジニアとプロダクト責任者間でのコミュニケーションが十分でないことが、多くの問題を引き起こす原因。計画段階での要望や変更が十分に伝えられていない、または誤解されている可能性がある

- 要件の不明瞭さ
  要件が不明瞭であったり具体性に欠ける場合、**エンジニアが独自の解釈**を加えて開

第2章 「間違った失敗」から「正しい失敗」へ

発を進めてしまうことがある。これにより、最終的な製品がビジネスのニーズや期待と異なる結果になることがある

- 変更管理の欠如
  進行する中で新たな要望や変更が生じることはよくある。これらの変更が適切に管理されていない場合、スコープが不明確になったり変更が頻繁に起こり、変更管理が追いついていなかったりすることで期待される成果物と異なる結果が生じる可能性がある

　これらの原因は一言でいえば、コミュニケーション不足に起因しています。さらにいえば、**組織デザインにおけるプロセス設計のミス**ともいえます。誰にどれだけの権限と裁量を与えるのかが明確にされていないと、非常に細かい部分にまで責任者の確認が必要となり、認知負荷とリードタイムが大きくかかります。たとえ権限が明文化されていたとしても、どこでその確認を行うかという「場」の設計がされていなければ、タッチポイントが不明瞭になります。

　銀の弾丸ではありませんが、「誰が・何を」についてはある程度の規模感で中長期的なプロジェクトであれば「RACIモデル」を利用するのもよいでしょう。逆に短期的かつ変動が多いのであれば、更新が形骸化するのでお勧めしません。

　RACIは「Responsible（責任者）」「Accountable（説明責任者）」「Consulted（相談役）」「Informed（情報受領者）」の各頭文字を取ったものです。各タスクやプロセスに対して、これらのカテゴリに属する人々を特定することにより、誰が何を担当し、誰が最終的な決定権を持つかを明確にできます。

　大まかな定義は次のとおりです。

- Responsible（責任者）
  そのタスクを実行する主体。作業を行い、結果を出す責任を持つ
- Accountable（説明責任者）
  最終的な「Yes」または「No」を出す権限を持つ。通常、この役割はタスクや決定について最終的な責任を負う
- Consulted（相談役）
  意思決定やタスク実行の前に意見や専門知識を提供する人々。これは双方向のコミュニケーションを必要とする

2.2 「隠された失敗」から「透明性のある失敗」へ

図2-2-3 RACIチャート

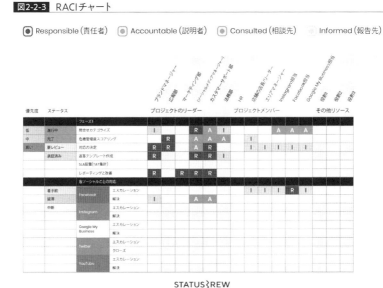

出典：「RACIとは？責任と役割分担を明確化したソーシャルメディアカスタマーサポート体制」(Statusbrew)
https://blog-jp.statusbrew.com/raci-online-reputation-management/

- Informed（情報受領者）
  プロジェクトの進行状況や決定について情報を受け取るが、直接的な入力は求められない人々

RACIはチャートを描くことで管理します(**図2-2-3**)。RACIチャートの作成方法は次のとおりです。

❶タスクのリストアップ
　プロジェクトまたはプロセスに関連するすべてのタスクを洗い出す

❷チームメンバーのリストアップ
　タスクに関連するすべてのステークホルダーやチームメンバーをリストアップする

❸役割の割り当て
　各タスクに対して、誰が「Responsible」「Accountable」「Consulted」「Informed」の役割を担うのかを割り当てる

❹チャートのレビューと調整
　作成したチャートをメンバーと共有し、適切な役割が割り当てられているかを確認し、必要に応じて調整する

第2章 「間違った失敗」から「正しい失敗」へ

図2-2-4 場のセティング

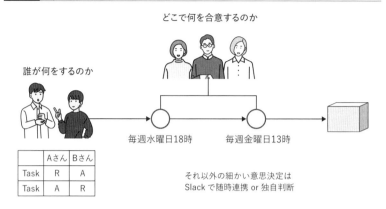

あとは、コミュニケーションルートとしての会議体や場をセッティングして、定期的に必要なメンバーに情報が集まり意思決定できるようにします（**図2-2-4**）。

ソフトウェア開発の進化に、組織の進化が追いついていない

人とのコミュニケーション不足が原因となる「隠された失敗」とは対照的に、ソフトウェア開発の進化に目を向けるとDevOpsの概念では、「**失敗は避けられないもの**」として受け入れることが重要だとされています。そして、これを可能にするしくみこそがDevOpsともいえます。同時に、アジャイルの概念であるXPについて『エクストリーム・プログラミング』（Kent Beck、Cynthia Andres著）の中に出てくる5つの価値の中でも、変更（失敗）を受け入れながら大胆な変更を行う「**勇気**」という考え方が重要視されています。

このようにソフトウェア開発の時流として不確実性の中で失敗を繰り返しながら適応できるにもかかわらず、それを**組織全体の「価値観」として持ち込めていない**のも事実です。

失敗は、信頼関係による対話で回避できる

隠された失敗の根源には**信頼関係による対話ができていない**こともある

でしょう。

『組織を変える5つの対話』(Douglas Squirrel、Jeffrey Fredrick著)には、組織に対してプラクティス(アジャイルやDevOps)が爆発的に普及・導入が進む中で、型だけが重視され、その中にある**人間関係が見落とされている**という指摘があります。自分たちはそのまま行動していれば問題がなく、導入されるプラクティスが行動を手助けしてくれるというマインドでは危険です。そんな組織の関係性を良好にするために書籍の中で紹介されている5つの対話を引用します。

❶**信頼**を欠いていては、自己開示と他者理解を目指せません。
❷言葉にできない**不安**を感じていたら、無意識であっても防御的に行動してしまいます。
❸**WHY**が共有されていないと、建設的に意見をぶつけ合うことができません。
❹明確な**コミットメント**を避けるのは、自分に危害が及んだり恥ずかしい思いをしたりしそうなときです。
❺**説明責任**を果たそうとしない限り、経験から学ぶことができません。

特に2つ目の「不安」は、隠された失敗に深く関係しています。関係性を良好にし、全員が「コト」に向かうためには、不安を**見つけ**、**明らかにし**、**軽減**しながらソフトウェア開発を進めることが重要です。

■隠された失敗がもたらすプロジェクトの遅延

エンジニアではなく、PM(プロジェクトマネージャー)の立場でよく見られる事例として、社内報告の場で「想定外の出来事が起こり、2週間遅延しそうです……」と報告されるケースがあります。これは隠された失敗が超大作な失敗を生んだ典型例です。

プロジェクトの遅延は、**ある日突然発生するものではありません**。必ず何らかの兆候があります。PMにはプロジェクトの全体像と詳細な情報が集まるため、リスクを予見し、管理する責任があります。しかし、計画段階や進行中にリスクを見逃したり、見て見ぬふりをすると、課題が徐々に肥大化して最終的に顕在化します。リスクは定期的に見なおし、早期に対策を講じることが求められます。

前述の遅延も、実際には予見可能なリスクが積み重なった結果です。PM

第 2 章 「間違った失敗」から「正しい失敗」へ

はリスクを認識し、管理すべき立場にありながら、それを適切に行えなかったことが原因です。リスクを放置したり、対策が不十分であると、スケジュールの遅延や品質の低下といったトラブルにつながります。隠された失敗は、**超大作な失敗を生むブラックボックス**として、問題を肥大化させる要因です。

問題が長引くと解決が困難になるのは、多くの要因が複雑に絡み合うからです。初期段階で見過ごされた問題は、その全貌をすぐに把握できず、時間が経つにつれて複雑さが増します。特に、複雑なプロジェクトやシステムでは、初期の小さな問題が多くのコンポーネントやプロセスに影響を与え、依存関係を通じてほかの部分にも波及します。問題が広がると、解決に必要な修正はさらに複雑で広範囲にわたり、修正コストも増大します。

一方、多くの人が気付いているのに指摘されないケースもあります。有名なことわざとして「**Elephant in the Room（部屋の中の象）**」というものがあります。これは「みんなが違和感を感じているのに、誰も指摘しない大きなこと」という意味です。解決するのにあまりにもハードルが高いことや、誰もが面倒だと思っていること、メンタルが削れそうな複雑な事象のことを、「部屋の中にいる象は誰しも気付いているにもかかわらず、追い出す難易度が高いので見て見ぬふりをする」ことを指します。ただし、誰しも部屋の中に象がいつづけると自分の身に危険を及ぼすことはわかっています。そのため傍観者にならずに課題を指摘して解決に向かうマインドが必要です。これは第4章で、「傍観者効果」という、なぜ人は他責思考になるのかという箇所で詳しく説明します。

隠された失敗はチームのモチベーションにも悪影響を与えます。解決への意欲が低下すると、チーム全体の効率が落ち、課題解決がさらに長引きます。問題が発生した際には、速やかな対応が必要です。これによりメンバーのモチベーションは維持され、組織デザインの成功へとつがなります。

成功ではなく失敗したことを報告して透明性を上げる

失敗をしながらレジリエンスを保ちプロダクトを前に進めていくためには、失敗から学習する文化醸成が必要です。

■失敗は隠されがち

　失敗がしばしばチームの中で隠されがちになるのは、人間が**本能的に失敗を恥じ、批判を避けようとするため**です。特に評価やチームの雰囲気に影響を及ぼすことが多いため、失敗を報告することに対する抵抗感が強くなります。

　若手PdM(プロダクトマネージャー)にありがちな罠の一つに、機能リリース後に成果が出ないと検証結果を可視化せず、クローズドにするパターンがあります。これは**良い結果のみを報告する。もしくは潜在的に良い結果のみを分析したい**という行動です。このような行動は、組織全体に悪影響を及ぼす「間違った失敗」を引き起こします。

　まず、検証結果をクローズドにすることで、組織内の透明性が失われ、課題が把握できなくなります。その結果、ほかのメンバーが同じ失敗を避けるための教訓を得られず、組織全体の学習機会が失われます。さらに、失敗を隠すことで誤った成功の印象が生まれ、同様の施策が繰り返されるリスクも高まります。

　さらに、良い結果のみを報告する習慣が続くと施策のスケールがどんどん小さくなり、経験から得た成功する確率が高いもののみを実施するようになります。これは、リスクを避けるための自然な反応ですが、結果として大きなブレイクスルーが失われていきます。組織はリスクを恐れるあまり、小さな成功に甘んじることになり、競争力を失う可能性があります。

　施策のスケールが小さくなると成功確率を上げるために計画に時間がかかるようになり、実行が遅くなることがあります。結果として、実行に移るまでの時間が延び、開発サイクルが遅延します。この遅延は、市場の変化に迅速に対応する能力を損ない、競争優位性を失うリスクを高めます。この延長線上で開発リソースが余ることがあります。施策の実行が遅れるために、開発チームが待機状態になることを意味します。開発リソースが有効に活用されない状況は、コストの無駄を生み、チーム全体の効率を低下させます。

■嫌な報告こそ、相手を褒める、感謝する

　こうした自体を防ぐには、まず失敗を**正直に報告できる**文化を醸成することが必要です。これは、失敗を恐れずに**報告できる環境**を整えることを

意味します。失敗を共有することは、ほかのメンバーが同じ過ちを繰り返さないための予防策となります。成功事例を再現することも重要ですが、同じ失敗を防ぐための対策を講じることはチーム開発の有限なリソース効率を高めるうえで不可欠です。具体的には、失敗の原因を分析し、その改善策を具体的に策定することが求められます。

　一方で、人は失敗を隠してしまう特性を持っています。「嘘をつく人」や「誤魔化そうとする人」がチームにいると、透明性のある報告が困難になります。これを防ぐには、信頼とオープンなコミュニケーションを基盤とした文化を構築することが不可欠です。信頼関係が構築されている環境では、メンバーは安心して失敗を報告し、その改善に向けて協力を得ることができます。

　最も重要なのは、「**失敗→分析→改善**」のプロセスを確立し、組織の文化として根付かせることです。失敗しても、それを分析し改善に結び付けることで、同じ失敗を繰り返すことがなくなります。改善が成功すれば、失敗そのものは次第に気にならなくなります。なぜなら、失敗を通じて最終的に成功を収めているからです。組織としては、第一歩として「**嫌な報告こそ、相手を褒める、感謝する**」を徹底するのがよいでしょう。

　これには、**報告を受ける側が自らの失敗を積極的に報告すること**が大事です。上司こそ失敗を共有してメンバーに意見を募り、改善策を講じて正しい失敗であったことを体現します。そして、ミーティングのときには「成功したことではなく、そのプロジェクトを通じて見えてきた課題を話してほしい」と伝えましょう。そして、課題を話してくれたメンバーに**感謝を伝えましょう**。すると、会議全体がうまくいかなかったこと(失敗)で埋め尽くされ、全員がそれをどう解決していくのかとその原因や背景を分析しだします。必然的に失敗を報告するハードルが下がります。日々のミーティングの準備において、メンバーは**成功を取り繕う報告準備ではなく、発生した課題を話す準備**を行い始めます。

エンジニアは、説明責任を果たすことで透明性を作っていく

　エンジニア目線で、「隠された失敗」をどのように乗り越えるかについて考えていきます。エンジニアリングという分野は、技術的な詳細や専門用

語が多く、不透明な事象が多いため、エンジニアでないメンバーにとっては理解しづらい部分が少なくありません。そのため、エンジニアが行っている作業の透明性を高め、説明責任を果たすことが重要です。

特に、以下の5つのポイントでは、エンジニアとPdMやCS(カスタマーサポート、カスタマーサクセスなどのユーザー対応部署)との間でよくすれ違いが発生します。エンジニア側がしっかりと説明することで、ブラックボックスがなくなります。

- 説明責任❶──見積り予測のズレをリカバリーするのは難しいので、早期に報告する
- 説明責任❷──コミットメント(約束)と予測を分ける
- 説明責任❸──見積り(予測)は4つの価値を理解する
- 説明責任❹──隠された失敗をしないために、開発優先度を理解してもらう
- 説明責任❺──障害対応時は、チーム外へ連絡・報告・相談を行う役割を作る

以下の項で順に説明します。

説明責任❶──見積り予測のズレをリカバリーするのは難しいので、早期に報告する

見積り予測のズレが起こることは、不確実性の中でプロジェクトを進めている以上、避けられません。しかし、問題は**報告の遅さ**です。

エンジニアは「あとでリカバリーできる」と考え、初期段階での見積りのズレを報告しないことがあります。しかし、実際に自力でリカバリーができることはまれで、プロジェクトの直前になって「**間に合いません**」と報告されることがよくあります。このような状況は、PdMやPMにとってプロジェクトのスケジュール全体に大きな影響を与え、進行を遅らせる要因となります。

たしかに、ソフトウェア開発の性質上、新しいシステムを構築する場合、不確実性が高い初期段階では見積りのズレが生じやすいです。これは不確実性の幅が広い不確実性コーンに代表される現象です(**図2-2-5**)。プロジェクトが進むにつれて徐々に不確実性が減少し、成果物が安定してくるという特徴があります。初期段階では、システムの枠組みや成果物の一部を

図2-2-5　不確実性コーン

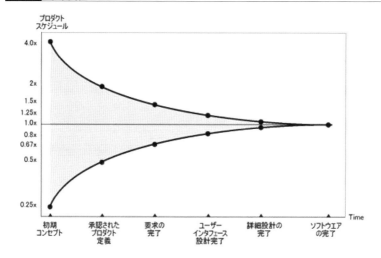

出典：「プロジェクトの本質とはなにか」（日経クロストレック）
https://xtech.nikkei.com/it/article/COLUMN/20131001/508039/

構築し、後半に向けてその枠組みをもとに中身を作っていくため、リソースを集中させることで成果物の供給が安定していくこともあります。

　しかし、後半でのリカバリーがうまくいくとは限りません。エンジニアが途中で調整できる場合もありますが、それに頼りすぎると大きなリスクを伴います。見積りのズレを早期に報告すれば、早い段階で適切な対策を講じることができ、プロジェクト全体のリスクを軽減できます。

　アンチパターンとして気を付けなければいけないのは、PMとエンジニアの間で進捗報告の粒度や開発速度に関する議論が増えると、エンジニアが見積りの際に**心理的バッファを多く取る傾向**が生まれることです。バッファを取ることは、プロジェクト全体のリスク管理において重要ですが、それぞれのエンジニアが独自の判断でバッファを設定し始めると、工数が膨らみ、プロジェクトの予算が肥大化します。結果的に、予算が承認されず、プロジェクトが途中で頓挫することもあります。

　さらに、こうした不安からくる行動は、**パーキンソンの法則**が当てはまり、良い結果を生みません。パーキンソンの法則とは「仕事は与えられた時間をすべて使って膨張する」というもので、バッファを多く取ることで、必

要以上の時間をかけてしまう可能性があります。このため、エンジニアは現実的かつ正確な見積りを行い、バッファを適度に設定することが必要です。そのためには、次項で述べる見積りのフェーズの解釈をきちんと一致させていきます。

説明責任❷──コミットメント（約束）と予測を分ける

　見積りのズレを早期に報告する環境づくりと同時に、もう一つ大事なのは、コミットメント（約束）と予測を分けて考えることです（**図2-2-6**）。

　『ソフトウェア見積り──人月の暗黙知を解き明かす』（Steve McConnell著）では、**不確実性を含んだ見積り（予測）が、しばしばステークホルダーへのコミットメント（約束）に変わってしまう問題**が指摘されています。ソフトウェア開発において、見積りとコミットメントは混同されがちですが、明確に区別する必要があります。見積りは、プロジェクトの初期段階（仮説→計画）においてコスト算出のために行われることが多く、この段階では要求定義が定まっていないため、予測の精度にも限界があります。

　一方で、コミットメントは見積りをもとにした詳細フェーズでの予測であり、ステークホルダーへの明確な**約束**を意味します。見積りには予測の

図2-2-6　見積りとコミットメント

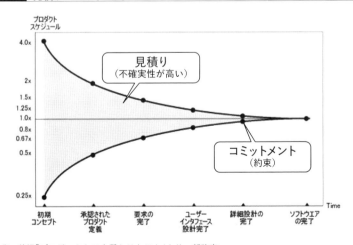

出典：前掲「プロジェクトの本質とはなにか」より一部改変

第2章 「間違った失敗」から「正しい失敗」へ

幅やリスクが含まれますが、コミットメントは、それを踏まえたうえで現実的な達成可能性を考慮し、確実に実行することが求められます。したがって、見積りをそのままコミットメントとせず、見積り結果に基づいてリスク管理を行い、現実的なスケジュールやリソース配分を慎重に策定することで、プロジェクトの予測と現実のギャップを最小限に抑え、リスクを減らしていくことが重要です。

不確実性コーンを念頭に置いて考えると、要求定義の早い段階で見積ったものをコミットメントにしてプロジェクトを開始してしまうと、計画から少しのズレが生じた段階でエンジニアにリカバリープランが求められがちです。

たとえば、要求事項が3点記載されている要件をもとにエンジニアが「なんとなく5人月ぐらい」と見積った場合、それがそのままコミットメントとなってしまうことがあります。PMはその見積りをもとにロードマップを作成してプロジェクトが進行しますが、少し進んだ段階で見積りと実際の進行にズレが生じることが多々あります。この段階で「どうやってリカバリーするか」をエンジニアに求めても、案を出すことは可能かもしれませんが、精度が低いため再度調整が必要となり、**その時間が開発に割けなくなります。**

そのため、できるだけ「**どの予測を採用するか**」をエンジニア側が説明をし、プロジェクトを開始する必要があります。

説明責任❸──見積り(予測)は4つの価値を理解する

もう一歩、踏み込むと、「見積り」という行為には4つの側面があります。

①**施策の合否**を判断するための「見積り価値」
②**納期・スケジュール**の管理のための「見積り価値」
③設計の**センス**やシステムの**複雑性**を検知するための「見積り価値」
④自分たちの**予測精度**を上げるための「見積り価値」

①施策の合否を判断するための「見積り価値」

①の施策の合否を判断するための見積りは、第1章で紹介した超概算見

積りが当てはまります。その施策に対して投資すべきかを判断するために用いられ、たとえば1,000万円の想定が1億円になるという大きなズレを防ぐために役立ちます。超概算なので、精度は低くても問題ありません。大まかに、1人月か5人月、または10人月かかるのかがわかれば、予算計画を立てるための指標になります。

■②納期・スケジュールの管理のための「見積り価値」

②もイメージしやすく、ここでの見積りは詳細設計による見積りに入っているため精度は高いかもしれませんが、施策を遂行している中での予実管理に使うものです。当初の予定としてN日までにここまで終わっていないといけない計画見積りだったが、実際は少し遅れているのでどこでリカバリーするのかを判断するために有効なデータになります。

■③設計のセンスやシステムの複雑性を検知する「見積り価値」

③は、見積りが設計のセンスやシステムの複雑性を表す指標として使われるものです。主に開発チーム内で利用されます。

同じ要件を満たす実装であっても、アプローチのしかたによっては多様な選択肢が生まれ、チームが成熟している場合、そのシステムに対する理解や処理を追加する場所は一致してきます。それが「見積り」に現れます。見積りは、どのアプローチで要件を実現するかの羅針盤として機能し、出力として「何人日」「何人月」「何スプリント」などの数値が現れますが、その入力処理はエンジニアによって異なります。

同じ機能を作る場合でも、チームメンバーのスキルやシステムの熟練度、システムの内部品質によって見積りは大きく変わります。ゼロから新しい機能を作る場合は1人月で済むかもしれませんが、古いシステムに手を入れる場合には5人月かかることもあります。エンジニアのスキルレベルによっても見積りは大きく異なります。このように、見積りを通じてチームやシステムの状態を表出し、設計ミスや漏れを防ぐ議論の材料として活用できます。また、チーム外への説明責任を果たす際にも有効です。これにより、リファクタリングの重要性を測る基準としても役立ちます。

第2章 「間違った失敗」から「正しい失敗」へ

■ ④予測精度を上げるための「見積り価値」

④についても、③にあるような見積りによってチームやシステムの状態を覗き見ることができるのであれば、チームの成長の目標値としても使えます。現状のチームだとAという機能を作るのに5人月かかるが皆の利用は1人月である。このような共有した目標をバッファなど使わずに議論することで、どうしたらそれが達成できるのか、問題点はどこかを洗い出していく定量データとしても使えます。同時に自分たちを客観視して予測精度を上げていくために使います。開発スピードを上げるために獲得するべき**速さは意識するところから**始まります。

■ バッファの適切な使い方

見積りには「バッファ」という概念があり、適切に使われる場合と悪用される場合があります。悪用されるケースでは、エンジニアが自身の保全のためにバッファを積んでしまうことがあり、これは避けるべきです。

前述の4つのケースでいえば、②の納期管理では、法令対応や監査対応など納期を厳守する必要がある場面では、バッファを積むことは理にかなっています。しかし、③や④の場合にバッファを積むと、チームの成長機会や現状把握の精度を下げるため、バッファを取らないほうがよいでしょう。

最後に4つの見積り価値のフェーズごとの使いどころを考えてみます（**図2-2-7**）。実施前→開発開始→リリースを考えてみると、①の施策の合否判断は「実施前」。②は開発開始～リリースまでの間であり、③は実施前と開発の間、もしくは開発中でしょう。④はリリース後に自分たちの振り返

図2-2-7 見積り価値とフェーズ

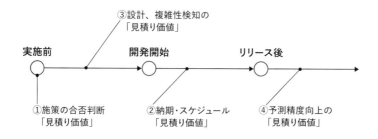

りのために使っていきます。
　見積り精度による組織摩擦を回避するためには、こうした見積りのフェーズ（どのレイヤの「見積り価値」を指しているのか）をビジネス側やエンジニア側で認識し、話し合いをして決定していくことが重要です。

説明責任❹——隠された失敗をしないために、開発優先度を理解してもらう

　ソフトウェア開発は、新規開発やエンハンス開発のように、機能を増やしたり拡張するだけではありません。ミドルウェアや言語のバージョンアップ、セキュリティ対応、テストの追加や不適切な設計の修正といった内部品質の改善、開発生産性を高めるための運用ルールの改善、新しいメンバーのオンボーディングなど、ユーザーに直接的に価値を届ける以外にもさまざまなIssueがバックログに積まれていきます。

　そうした中で、PdMやCSに対して、これらの優先度を説明する必要があります。なぜユーザーに直接価値を届けないIssueの優先度が高いのか、なぜ改善タスクがこれほど多く積まれているのか、また「半年前に出した要望はいつ実現されるのか」といった問いがエンジニアに向けられることがよくあります。

　これらの問いに対して、「ビジネス側が開発側の事情を理解してくれない」と嘆くだけではなく、できる限り言葉を尽くして論理的に、時には定量的に説明しなければなりません。内部品質改善や運用の見なおしが最終的にプロダクトの信頼性や開発速度に大きく寄与することを、ビジネス側にわかりやすく伝えることが重要です。

　信頼ポイントを積み上げ、透明性を上げていく作業です。ここでは3つの観点で述べていきます。

①ソフトウェア開発の保守開発の重要性を理解してもらう
②専門用語を使わずにていねいな言葉を使う
③外部データを使ってスタンダードを伝える

第2章 「間違った失敗」から「正しい失敗」へ

①ソフトウェア開発の保守開発の重要性を理解してもらう

まずは、ソフトウェア開発の種類について理解してもらう必要があります。

ソフトウェア開発を行う開発チームの生産性をメタ視点でとらえると、入力値として人数×工数（たとえば、10人チームであれば、月に10人月を使える）とすると、すべてが開発作業に使えるわけでも前述した新規開発・エンハンス開発に使えるわけでもありません。システムは作った段階で**それを維持するコスト**が発生します。さらに、その耐久年数を維持するコストを減らせば減らすほど、劣化速度は上がっていきます。

ここでは、開発区分を以下の4つに分けてみます（**図2-2-8**）。

- 新規開発：新規プロダクトや機能を作り、新たな資産価値を作る
- エンハンス開発：既存機能の拡張・変更
- 保守開発：リファクタリングやバージョンアップなど、既存システム（資産）の耐久年数を維持する・上げる
- 運用：資産価値を上げないが、必要な運用作業。障害対応やアカウント発行、各種ミーティングなど

このように区分すると、**保守開発**の重要性を十分に認識していなかったり、保守開発に割かれる工数が少ない現場が多く見られます。特に厳しい事業環境を乗り越えるためには、新しい価値を生み出す新規開発やエンハンス開発が必要です。一方、保守開発はエンジニア以外には見えにくいため、**その重要性を説明するのはエンジニアの役割**です。たとえば、EOL

図2-2-8 開発区分

(*End of Life*)を迎えそうな製品がどれくらいあり、その際にどんなリスクが発生するかをエンジニア自身が説明し、保守開発の改修に必要な工数を確保することが求められます。

保守開発に十分な工数が割かれない場合、以下のような問題が生じます。

- 運用コストが肥大化する
- 新規・エンハンス開発の実現に以前よりも時間がかかるようになる

保守開発が不十分な場合、業務プロセスが最適化されていないため、運用でカバーする作業が増え、運用コストの割合が相対的に大きくなります。その結果、新規開発やエンハンス開発に割ける工数が減少します。

たとえば、データ分析の基盤が整備されていない場合、営業やマーケティング部門からのデータ抽出依頼(ユーザーのメールアドレス抽出など)に対し、エンジニアが毎回SQLを手動で実行してデータを抽出し、暗号化して提供するといった手間がかかります。また、技術的負債が解消されないと、障害の発生頻度が増え、不具合の修正やポストモーテム作成、障害原因の説明に時間を割く必要が出てきます。

また、技術的負債がたまると新規開発やエンハンス開発のスピードが低下します。通常なら1人月で終わる作業が、長期間運用しているシステムでは3人月かかるという状況に陥ることがあります。このような事態を防ぐためには、保守開発の優先度を適切に設定し、技術的負債を解消していく必要があります。

保守開発の重要性を説明し、正しく開発区分のバランスを考え、開発優先度を考え伝えていく必要があります。

② 専門用語を使わずにていねいな言葉を使う

専門用語、たとえば「リファクタリングをする」という表現はエンジニアには伝わっても、PdMやCSには直接的に伝わらないことがあります。場合によっては、エンジニアどうしでも、具体的に何のリファクタリングなのかがPull Requestが出てくるまでわからないことがあるかもしれません。このような専門用語は、できるだけ具体的に説明するよう心がけることが重要です。

PdMやCSも、リファクタリングが良いことであるという認識はありま

第2章 「間違った失敗」から「正しい失敗」へ

すが、実際に何をして、どんな効果があるのかは不透明なことが多いです。さらに、リファクタリングには明確な終わりがないため、**人によっては「やろうと思えばいくらでもできる」**という状態に陥りがちです。そのため、リファクタリングを進めるエンジニア以外のメンバーからは、「いつまでやるの？」という疑問が生じ、工数を消費していることへの懸念が出てくることもあります。

本来、リファクタリングとは、**未来の変更コストを軽減する活動**です。すべてのシステムをリファクタリングするわけではなく、将来的に変更が多く発生する可能性が高い部分、つまり効果が高いと見込まれる部分から優先的に進めるべきです。これは、中長期的な戦略に基づく活動であり、いつ、どこをリファクタリングするかはコストに直結するため、適切な判断が求められます。

同じようなことが「Don't refactor the code」（Paweł Świątkowski 著）という記事には以下のように書かれています。

> Who among us did not hear that on a status meeting: "Yesterday I spent most time refactoring the code around X"? I know I did. No less, I probably said a phrase like that more than once. What does this mean? What did you really do? This is hidden behind "I refactored" term. "I did an important technical work you would not understand" is another way of framing that. And this is exactly the problem with "refactoring the code". In many cases it means doing a really important work, but it's indistinguishable from almost-slacking-off, like renaming variables for no apparent reason. And this is what I mean by "don't refactor the code": use different words when talking about things you did, are doing or plan to do. Don't "refactor".
>
> ステータス会議で「昨日はXに関連するコードのリファクタリングにほとんどの時間を費やしました」と聞いたことがない人はいるでしょうか？私は聞いたことがあります。そして、同じようなことを言ったことも一度ならずあります。それはどういう意味でしょうか？本当に何をしたのでしょうか？これは「リファクタリングしました」という言葉の背後に隠されています。「あなたには理解できない重要な技術的作業を行いました」と言い換えることもできます。これがまさに「コードのリファクタリング」

> に関する問題です。多くの場合、それは非常に重要な作業を意味しますが、ほとんど怠けているのと区別がつかないことがあります。たとえば、理由もなく変数の名前を変更するようなことです。そして、これが私が「コードをリファクタリングしないでください」と言う理由です。行ったこと、行っていること、または計画していることについて話すときに、異なる言葉を使ってください。「リファクタリング」を使わないでください。
>
> 出典：Don't refactor the code　https://dev.to/katafrakt/dont-refactor-the-code-igk

たとえば、以下のように具体的に説明するのがよいでしょう。

- 「ユーザーの行動ログを追いやすくするために、トラッキングタグを1つ追加しました。これにより、何が起こっているかを理解できるようにします。」
- 「テストが行われていない領域にテストを追加しました。これにより、今後の影響範囲調査の精度が向上し、工数見積りの精度や変更速度が上がります。」

このように、リファクタリングという言葉を使わずに、具体的な取り組み内容やそのメリットを伝えることが重要です。エンジニアリングの改善活動が、プロジェクト全体にどのような影響を与えるのかを明確に説明できると、開発チーム以外のメンバーにも理解が得られやすくなります。

③外部データを使ってスタンダードを伝える

専門用語を使わずにわかりやすく伝えるのが第1歩目だとして、次は論理的にメリットを伝える必要があります。そのためには外部データを使ったり、自チームの定量データを使うのがよいでしょう。

たとえば、内部品質にこだわっているチームとそうでないチームを比較したときの論文を出すのもよいでしょう。コードの品質を保つリファクタリングという点では、一度コードを書いたら終わりではなく、継続的に変更を繰り返すので、コードの品質は事業に影響を必ず与えます。

「Code Red: The Business Impact of Code Quality — A Quantitative Study of 39 Proprietary Production Codebases」（Adam Tornhill、Markus Borg著）という論文では、コードの品質が事業に与える影響について以下の結論が述べられています（**図2-2-9**）。

第2章 「間違った失敗」から「正しい失敗」へ

図2-2-9 コードの品質が事業に与える影響

		Healthy	Warning	Alert	All
Time-in-Development	Avg	7815.6	13934.6	17544.5	8573.1
	75%	7320.0	12165.0	21661.5	8014.5
	Std	22405.8	43162.9	20630.1	25392.5
Maximum Time-in-Development	Avg	15111.9	34024.5	129940.3	18286.9
	75%	14040.0	30900.0	184320.0	16260.0
	Std	37719.1	78253.8	164057.2	48492.4

出典：Code Red: The Business Impact of Code Quality—A Quantitative Study of 39 Proprietary Production Codebases　https://arxiv.org/abs/2203.04374

- 欠陥数の増加：低品質のコードは高品質のコードに比べて「15倍」も多くの欠陥を含んでいる
- 問題解決時間の延長：低品質のコードで問題を解決するには平均で「124%」も多くの時間がかかる
- 予測不可能性の増加：低品質のコードでの問題解決には、最大で「9倍」も長いサイクルタイムがかかることがある

また、Martin Fowler氏の「Is High Quality Software Worth the Cost?」では、内部品質の低さ（*low internal quality*）と高さのトレードオフの関係（たとえばテストがあるかないか）はわずか1ヵ月程度で逆転すると指摘されます（**図2-2-10**）。一番初めの1ヵ月はテストを犠牲にして機能実装したほうが開発スピードは上がりますが、1ヵ月を損益分岐点として徐々にコードの変更が難しくなり、逆転していくことが示唆されます。

日本国内の例もあります。以下に示す名古屋大学の森崎研究室の研究によると、技術的負債を抱えたレガシーコードのリファクタリングで取り除かれた問題の90%以上が、メソッド名と関数の実際の動作が一致していない、あるいは関数名とコメントが矛盾しているなどの命名的問題による影響が大きいとされています。これは、複雑で入り組んだ設計をリファクタリングするのではなく、もっと手前にある**命名規則を整備したほうが統計的に有意差があり**、リファクタリングの効果が高いことを意味します。

2.2 「隠された失敗」から「透明性のある失敗」へ

図2-2-10 内部品質の低さと高さのトレードオフ

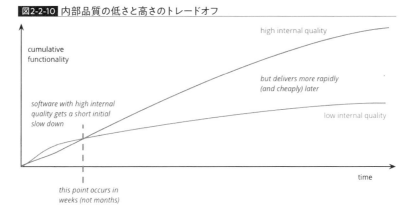

出典：Is High Quality Software Worth the Cost?
https://martinfowler.com/articles/is-quality-worth-cost.html

- 技術的負債を抱えたレガシーコード。変なメソッド名と入り組んだロジック、リファクタリングするならどちらが先？（Publickey）
  前編　https://www.publickey1.jp/blog/24/post_301.html
  後編　https://www.publickey1.jp/blog/24/post_302.html

簡単な紹介ではありますが、こうした外部の提供データを使いながら自分たちの活動を論理的に述べていくのもよいでしょう。

説明責任❺——障害対応時は、チーム外へ連絡・報告・相談を行う役割を作る

エンジニアが果たすべき説明責任として、最後の場面は障害対応です。

■障害対応時にエンジニアに求められること

ある日突然システムが動かなくなり、ユーザーへの対応や取引先への説明、事業責任者や経営層への報告が必要になることはよくあります。CSやPdMも、影響範囲などを早く知りたいものの、エンジニアが復旧対応に集中しているため、**邪魔したくない感情**や**話しかけづらさ**が生じることがあります。さらに、技術的な説明に終始してしまうことがあり、実際にCS部門が知りたいのは、ユーザー対応が必要かどうかという点であるにもかかわらず、技術的な話が中心になってしまうケースが多く、結果としてCS

▶第2章 「間違った失敗」から「正しい失敗」へ

部門が困ってしまうことがあります。
　たとえば、サイトが一部動かなくなる不具合が発生した場合の典型的なやりとりは以下のとおりです。

①ユーザーからCS部門へ問い合わせ：「サイトにつながりにくいが、どうしたらよいか？」
②CS部門：「ユーザーの問題なのか、システムの問題なのか切り分けたい」
③CS部門から開発部門へ：「この会員IDのユーザーからサイトにつながりにくいという問い合わせがありました。原因を確認してください」
④開発部門からCS部門へ：「先ほどパフォーマンス改善機能をリリースしましたが、それが原因かもしれないのでロールバックしました。確認お願いします！」

　この場合、CS部門やユーザーが知りたいのは、事象の技術的な原因や仕様ではなく、**ロールバックしても再発する可能性があるのか、ユーザー側で何か対応が必要なのか**という具体的な対応策です。再発する可能性があれば、告知を出すべきかどうかも判断しなければなりませんし、ユーザーにはどのような対応をすべきか、適切に伝える必要があります。エンジニアは事象の説明だけでなく、ユーザー目線に立ち、具体的な行動をCS部門に伝えることが求められます。

■障害対応における役割分担と訓練の重要性
　障害対応中のエンジニアは非常に忙しいため、すべての対応に手が回らないこともあるでしょう。根本的な解決策は、障害発生時にタスクフォース（臨時の対応チーム）を編成し、役割を明確化することです。
　この際に有効なのは、**DiRT**（*Disaster Recovery Training*）と呼ばれる障害訓練を実施することです。DiRTでは、実際の環境を模した仮想環境で障害を発生させ、その対応をシミュレーションし、役割分担や対応手順を分析して課題点を洗い出します。
　実際に訓練を行ってみると、役割分担が不十分だと障害対応が混乱し、**頭が真っ白になる**ことがあります。そのため、対応にあたるエンジニアと、チーム外への連絡・報告・相談を担当するメンバーとを瞬時に分けて対応する必要があります。このようにして、失敗→分析→改善のプロセスを繰り返すことで、CS部門とのコミュニケーションギャップも徐々に解消され

ていきます。

　今まで見てきた、見積り予測とのズレ、開発優先度の適切な説明、障害時の対応など、エンジニアが説明責任を果たし透明性を高めることで、組織全体が失敗に対してより強固で柔軟な対応力を持つことができます。失敗を恐れずに報告し、その結果から学びを得ることで、持続的な成功を達成できるのです。ともに学び、ともに成長することで、より強固で柔軟な組織を築いていくことができます。

2.3 「繰り返される失敗」から「学べる失敗」へ

　前節の「隠された失敗」に続いて取り上げる間違った失敗は、**「繰り返される失敗」**です。同じ失敗が繰り返されると、開発規模が大きければ大きいほど無駄な開発コストが増加します。

　繰り返される失敗をするとは、失敗を学習できていないということです。きちんと学べる失敗に昇華することで、組織改善のプロセスを好転させていきます。

　本節では「仮説検証での繰り返される失敗」と「システム障害に対する繰り返される失敗」について見ていきます。

仮説は検証して初めて学びになる

　日々、プロダクトや事業をより良い状態にするために仮説を立て、検証しています。検証とは、ソフトウェアに手を加えて改良し、エンドユーザーからフィードバックを得ることを意味します。しかし、繰り返される失敗という観点では、仮説の検証が不十分な現場が多く見受けられます。多くの組織では、成功体験を積みたい、つまりたくさんトライしたいという思いが強く、失敗の振り返りに時間をかけるよりも、**新しい施策を実行することに重心が置かれる傾向**があります。

　このような状況が、仮説検証における**繰り返される失敗**を生み出します。背景には、リソース効率を重視する現場が多いことがあるでしょう。リソ

▶ 第2章 「間違った失敗」から「正しい失敗」へ

ース効率とは、開発メンバーの稼働率を100％にすることでリソースを無駄にしない考え方です（**図2-3-1**）。一方、対となる概念としてフロー効率があります（**図2-3-2**）。それぞれの棲み分けは次のとおりです。

- リソース効率
  各々の「人」に対するリソースを最大限稼働させる
- フロー効率
  各々の「プロセス」に対するリソースを効率よく稼働させる

図2-3-1 リソース効率

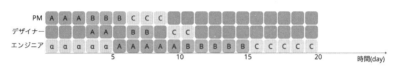

出典：「SmartHRが大切にするフロー効率とは」（SmartHR）
　　　https://tech.smarthr.jp/entry/2023/06/28/171957

図2-3-2 フロー効率

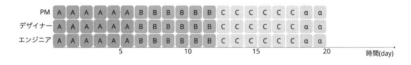

出典：「SmartHRが大切にするフロー効率とは」（SmartHR）
　　　https://tech.smarthr.jp/entry/2023/06/28/171957

動くソフトウェアをすばやく先に作るというアジャイルの観点では、本来フロー効率が重視されています。

しかし、**リソースのムダ**をなくそうとするとメンバーの稼働が空いている状態に違和感を覚え、どうしても優先度が高くない施策（α）を差し込みます。気持ちはわかりますが、ある程度リソースに遊びを持たせたほうが、急な方向転換や誰も拾わないものを拾っていくなどチームとしての改善がうまく回ることも多いでしょう。

さて、繰り返される失敗を引き起こしている**リソース効率重視における仮説検証で学習しないという課題**に対して、学習できる失敗にどう落とし込んでいくか。ここではBMLループにおける**振り返りプロセス**の導入をお勧めます。

仮説検証ループの導入

BMLループは、仮説を検証するための重要なフレームワークです。このループは、**Build（構築）**、**Measure（計測）**、**Learn（学習）**の3つのステップから成り立っています（**図2-3-3**）。このサイクルをいかに高速に回していけるかが大切です。

図2-3-3　BMLループ

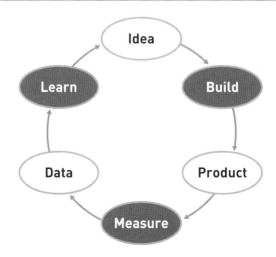

Build（構築）

　まず、**Build（構築）** では、仮説に基づいて迅速にプロトタイプや最小限の実行可能製品（MVP）を構築します。この段階では、完璧な製品を目指すのではなく、仮説を検証するための最低限の機能を持つプロトタイプを作ることが重要です。このアプローチにより、早期にフィードバックを得ることができ、時間とリソースを節約できます。

　たとえば、新しいユーザーインタフェース（UI）を試す場合、完全なUIを作成するのではなく、主要な機能だけを持つシンプルなバージョンを構築します。これにより、ユーザーの反応を迅速に確認でき、必要な改良を早期に行うことが可能です。

Measure（計測）

　次に、**Measure（計測）** の段階では、構築したプロトタイプのパフォーマンスやユーザーの反応を計測します。具体的な指標（KPI）を設定し、それに基づいてデータを収集します。

　たとえば、新しい機能がユーザーのエンゲージメントを向上させることを目的としている場合、ユーザーの利用時間やクリック率などを計測します。ここで重要なのは、計測する指標を明確に設定し、仮説を検証するために必要なデータを正確に収集することです。eコマースサイトで新しいレコメンド機能を導入する場合、ユーザーの購入頻度や平均注文額を計測し、機能の有効性を評価します。

Learn（学習）

　最後に、**Learn（学習）** の段階では、計測したデータを分析し、仮説が正しかったかどうかを評価します。この学習フェーズは、得られたデータに基づいて次のアクションを決定するための非常に重要なステップです。もし仮説が正しかった場合は、その成功要因を分析し、さらに改善する方法を探ります。逆に、仮説が間違っていた場合は、その失敗の原因を特定し、次回の試行で同じ過ちを繰り返さないようにします。

　たとえば、新しいUIがユーザーのエンゲージメントを向上させなかった場合、その原因を分析し、改善点を特定します。ユーザーのフィードバックを収集し、どの部分が使いにくかったのかを明確にし、次のバージョン

に反映させます。

もう少し細分化すると、Build→Measure→Learnの間を埋める形で、Idea、Product、Dataという3つの状態が補完されています。

- Learn → Idea ＝仮説を考える
- Build → Product ＝どう作るか
- Product → Measure ＝計測する
- Measure → Data ＝計測してデータを作る
- Data → Learn ＝データから何を学ぶか

■Leran（学習）せずに次のidea（仮説）に行くと、最終的にコストが膨張する

BMLループは、仮説を検証し、得られた結果から学びを得ることで、次の仮説に進むことを可能にする便利なフレームワークです。

しかし、多くの組織では、Learn（学習）のステップを飛ばして次に進みたがる傾向があります（**図2-3-4**）。これは、前述したリソース効率を重視するあまり、**待ち時間が発生する学習フェーズを軽視**してしまうからです。エンジニアやデザイナーのリソースを無駄にしたくないという意識に加え、データアナリストによる分析を待つ時間すら惜しいと感じるPdMもいるか

図2-3-4　Learn（学習）フェーズを飛ばしたBMLループ

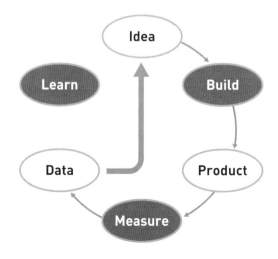

第2章 「間違った失敗」から「正しい失敗」へ

もしれません。

しかし、学習フェーズを飛ばしてBMLループを詰め込んで回すと、同じ失敗を繰り返すことになり、最終的にはリソースの無駄遣いとなります。結果としてコストが膨張し、プロジェクト全体に悪影響を及ぼすことが避けられません。

ループは逆回転で思考する──計画ループと実行ループ

これを明確に改善していくためには、BMLループを**逆回転**で考えます。つまり、仮説を立てる際には、初めから何を学習したいかを明確にします。

ループで説明すれば、計画ループと実行ループの2つを作るイメージです（図 **2-3-5**）。実行ループはこれまでに述べてきた流れ（Learn→Build→Measure）ですが、前半の計画ループを挟まないと、ログが仕込まれていない問題や仮説と機能のバランスが崩れる問題などが発生します。

図2-3-5 計画ループと実行ループ

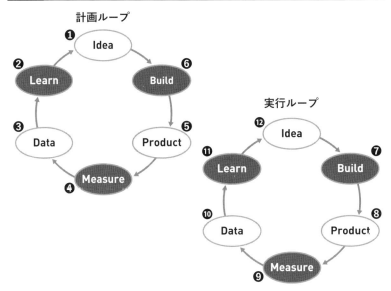

- 計画ループ
  ❶学習からの仮説が作られる（Idea）
  ❷仮説から何を学びたいか、確証を得たいか（Learn）
  ❸そのために必要なデータの形は何か（Data）
  ❹どんな指標をどのように計測するか（Measure）
  ❺プロダクトの形は何か（Product）
  ❻どのように作るか（Build）

- 実行ループ
  ❼構築する（Build）
  ❽MVPができる（Product）
  ❾指標に基づいたログデータが出力される（Measure）
  ❿データが可視化される（Data）
  ⓫データから学習する（Learn）
  ⓬次の仮説を考える（Idea）

これにより、仮説が正しいかどうかを効果的に検証でき、得られた教訓を次のステップに活かせます。

新しい機能や施策を導入する際には、具体的に「何を検証することで、この仮説が正しいかが証明できるか」を出発点とした学習目標を設定します。それに基づいて「どんなデータがあれば証明できるか」を考え、出力されるべきデータの形を設計します。そして、そのデータを得るためにはどんな実装をすればよいかを考えていきます。具体的には作った機能に対してどんなトラッキング指標をファネル上、埋め込むべきかを考えます。そこまでできたら、あとは実装をしてリリースすれば、学習目標に沿って自動的に学習をすることができます。

❶学習からの仮説が作られる（Idea）
❷仮説から何を学びたいか、どんな確証を得たいか（Learn）
❸そのために必要なデータの形は何か（Data）
❹どんな指標をどのように計測するか（Measure）
❺プロダクトの形は何か（Product）
❻どのように作るか（Build）

一例として、ECサイトでよく見られるクーポン施策を考えます。内容

第 2 章 「間違った失敗」から「正しい失敗」へ

については、『DMM.comを支えるデータ駆動戦略』(石垣雅人著)から一部抜粋・改変します。

❶学習からの仮説が作られる (Idea)
まず学習から仮説が作られます。

- 学習
  カゴ落ちによる離脱率が30%と高い。購入する際のクーポンの利用率が全体的に低い傾向が見られる
- 仮説
  決済画面のクーポン利用の導線が見にくいため、もう少し利用を促進するようなデザインが必要なのではないか

❷仮説から何を学びたいか、どんな確証を得たいか (Learn)
次にこの仮説から何を学びたいか、確証を得たいかを考えます。

イメージしやすいように、カゴ落ちで取りこぼしたユーザーにクーポン利用を促進することで救済しようとする仮説として、以下のようになります。

- カゴ落ちの傾向が見られるユーザーに対して、クーポン利用率を向上させることによって売上は向上するか

❸そのために必要なデータの形は何か (Data)
学びたいこと、確証を得たいことが決まったら、それをデータという形でどう表現していくかを考えます。

今回の仮説では、決済画面でのクーポン利用率を上げることでカゴ落ちする割合を減らし、売上の向上が見込める検証なので、データとしては以下がわかればよいでしょう。

- クーポンの利用率 (CVR) が向上することでの収益増減の推移

このタイミングで必ず行わなければいけないわけではありませんが、すでに指標として数値が定められているのであれば、BIツールを使いながらダッシュボードを作成します。現段階での数値をダッシュボードとして表

2.3 「繰り返される失敗」から「学べる失敗」へ

図2-3-6 クーポン利用率と収益増減の推移

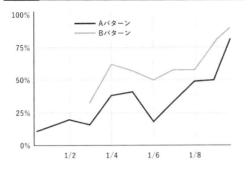

日付	1/1	1/2	1/3	1/4	1/5	1/6	1/7	1/8	1/9	1/10
a	10%	20%	15%	38%	40%	20%	30%	49%	50%	80%
b	―	―	30%	63%	60%	50%	60%	60%	80%	90%

現することで、この仮説では何を改善したいか、何を計測したいかが共通理解として固めやすくなります。

BIとは、ビジネスインテリジェンスツールの略で、データを可視化するツールです。蓄積されたデータを分析し、その分析結果を意思決定に活用していきます。BIツールとはデータを可視化するためのツールやダッシュボードです。

今回の例では、クーポン利用率をAパターン(既存)とBパターン(テスト)で比較していくダッシュボードを作成すればよいでしょう(**図2-3-6**)。

❹どんな指標をどのように計測するか(Measure)

先ほどの「クーポンの利用率(CVR)が向上することでの収益増減の推移」をデータとして可視化したい場合に、まずはどんな指標を計測すればよいかを考えます。一番初めに思い付くのは以下の2つでしょう。

- クーポン利用率
- 収益の増減

どのぐらいのユーザーがクーポンを利用したか(クーポン利用率)、それによって収益がどのぐらい変動したかを見ていきます。また、既存のクーポン利用率に対する収益の増減と、新しい施策でのクーポン利用率に対す

る収益の増減を比較するには、A/Bテストも行うとよいでしょう。ユーザーターゲットやセグメントは決めずに、ランダムに割り振ることにします。

❺プロダクトの形は何か（Product）

プロダクトの形を考えるときは、計測したい指標から逆算して考えていきます。クーポン利用率を上げたいため、それを満たすいくつかの施策が考えられますが、今回は比較的わかりやすいUIデザインの改修をするため、既存の決済画面への改修によって生まれる成果物（プロダクトの形）とします。

❻どのように作るか（Build）

計画ループの最後に、どのようにMVPを作るかを考えます。

今回はシンプルで、既存のクーポン利用の見せ方に対抗する形でのUIデザインの変更なので、MVPという観点では特に考慮は必要ないでしょう。ある程度大きな機能を作るのであれば、ユーザーストーリーマッピングを作っていきながら、必要最低限の機能を見極めていく作業が必要です。ここまでが計画ループです。

このループを挟むことで、仮説を施策として実施するうえでの目的の明確化や共通理解が組織の中でも生まれます。「この施策はどんな数値を変動させたいものなのか」「その結果がどうなれば成功なのか」を事前に計画ループの中で可視化することで、組織のメンタルモデルが整い、同じ方向を向いてプロダクト開発ができます。このあとは、前述したとおり時計回りにBMLループを回していくだけです。

また、BMLループを回す際は、同時に2つの改善を満たすような施策は推奨されません。バッチサイズ（1つの処理で回す量）として大きすぎます。これを **Single Piece Flow（1つのサイクルで1つの仮説）** といいます。

先ほどの例でいえば、クーポン施策を推奨する決済画面のUI改善と並行して、決済手段としてクレジットカードのみだったものにコンビニ決済を加えることで未成年のユーザーでも利用できるフローを用意することは推奨されません。どちらかの結果が良かったとしても **何が要因だったのか** がわかりにくくなってしまうからです。たくさんの仮説を1つのサイクルに盛り込みすぎないことが大事です。そのため、1つのBMLループではシン

図2-3-7 仮説と施策

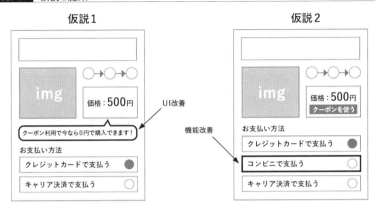

プルな仮説を立て適用することで、仮説と結果を結び付けやすくします。
　ここでは、問いたい仮説に対しての施策を以下のようにします（**図2-3-7**）。

- 仮説1に対する施策：吹き出しを付けてクーポンの利用を促す
- 仮説2に対する施策：コンビニでの決済方法を追加する

　それぞれを1つのサイクルとして回していきます。
　ただし、それぞれの仮説に関するサイクルが計測において依存関係がなく、ロジック的にも特に問題なければ並列で実施するのもよいでしょう。
　事業の寿命がそこまで長くないことを加味すると、1サイクルのリードタイムが長くなってしまう場合（効果検証に時間がかかるなど）には、同時に2つの施策を走らせるケースは往々にしてあります。その場合には、一度に両方の仮説を包含した機能をリリースするのではなく、仮説1、仮説2と分けた状態で実装し、リリース日を少しずらすなど計測でも影響がわかりやすいように工夫をしながら進めます。つまり、バッチサイズは仮説ごとにシンプルに行い、プロセスに流すのは並列でもよいということです。
　こうした計画ループから始めて実行ループを回していくやり方やSingle Piece Flow（1つのサイクルで1つの仮説）の考え方は、リソースを無駄にしていると感じたり、もったいないと感じたりするかもしれません。しかし、同じ失敗を繰り返し、学習するプロセスが抜けていることは、中長期的に

見てリソースを無駄にしているといえます。

障害の再発防止策から逃げない——ポストモーテムから失敗を学ぶ

繰り返される失敗の中で最も多いのは、**繰り返される障害**です。同じ原因による障害が繰り返されると、売上の損失を生み、事業全体に大きな影響を与えます。暫定対応のみで済ませ、再発防止をあと回しにすることで、障害復旧に関するノウハウが蓄積されない現場も多くあります。さらに、再発防止策を考える前に次の作業に移ってしまい、結果として障害が重なってしまうこともあります。

こうした状況に対する有効な対策が「**ポストモーテム**」です。ポストモーテムを理解し、実施することは、組織全体の学習と成長にとって非常に重要です。ポストモーテムは、システム障害やインシデントが発生したあとにその原因を詳しく分析し、再発防止策を策定するための振り返りプロセスです。これは特にSRE（サイトリライアビリティエンジニアリング）において重要視されており、Googleが提唱するSREの原則でも重視されています。

ポストモーテムとは、インシデントの影響や緩和策、根本原因、再発防止策を記録し、チーム内で共有するためのドキュメントです。言い換えれば、**ポストモーテムは失敗（障害）から学び、再発防止策を決めるための活動**です。暫定対応だけして再発防止はあと回しにして障害復旧のノウハウを貯めていかない現場も多いでしょう。さらに再発防止策を考える前に次に行くから、どんどん芋づる式に障害が重なるということもあります。

ポストモーテムと障害報告書の違い

ポストモーテムと**障害報告書**は似た内容を含んでいますが、目的が異なります。障害報告書は、障害が発生したことで生じた不利益を経営層など上層部に説明するためのものであり、サービスダウンによるユーザーへの影響を報告し、信頼を回復することを目的としています。一方、ポストモーテムは障害から学び、より良いサービスを提供するためのドキュメントであり、現在や未来のチームメンバーやほかのエンジニアを対象に、障害の詳細な分析や再発防止策を共有するものです。

ポストモーテムを実施することで、いくつかの重要な効果が期待できます。まず、障害の根本原因を明確にすることで、表面的な対処ではなく本質的な解決策を見つけることができます。さらに、再発防止策を講じることでシステムの信頼性が向上し、同じ障害が再発しにくくなります。加えて、障害分析を通じてチーム全体が学びを得ることで、技術力や対応力が向上します。また、障害対応の状況やその後の対策を明確にすることで、関係者の信頼を得られ、プロセスの継続的な改善が促進されます。

■ポストモーテムの実施ステップ

　ポストモーテムの実施にはステップがあります。まず、発生した障害の基本情報を記録します。たとえば、障害の発生日時、影響範囲、対応時間などです。次に、インシデントタイムラインを作成し、障害発生から解決までの時間軸を詳細に記録します。このタイムラインは、各ステップで何が起こったかを明確にするために重要です。その後、原因分析を行い、障害の直接的な原因と潜在的な根本原因を特定します。障害対応のプロセスを評価し、効果的だった点や改善すべき点を洗い出します。そして、同じ障害が再発しないように、具体的な再発防止策を策定します。最後に、分析結果と対策をチーム内および関係者全体で共有します。

❶障害の概要の記録
　発生した障害の基本情報（日時、影響範囲、対応時間など）を記録する

❷インシデントタイムラインの作成
　障害発生から解決までの時間軸を詳細に記録し、各ステップで何が起こったかを明らかにする

❸原因分析
　障害の直接的な原因と、潜在的な根本原因を特定する

❹対応の評価
　障害対応のプロセスを評価し、効果的だった点や改善すべき点を洗い出す

❺再発防止策の策定
　同じ障害が再発しないように、具体的な対策を策定する

❻ポストモーテムの共有
　分析結果と対策をチーム内および関係者全体で共有する

第2章 「間違った失敗」から「正しい失敗」へ

■ポストモーテムの具体例

具体的な例を上げていきます。

2023年8月12日に発生した全ユーザーがサービスにアクセスできない状態の障害についてのポストモーテムを考えてみます。この障害は、データベース接続プールの設定誤りが原因で発生し、対応時間は2時間でした。障害発生から対応完了までのタイムラインを作成し、問題の特定と修正作業の詳細を記録しました。分析の結果、データベース接続プールの設定変更が適切にレビューされていなかったことが根本原因であると判明しました。

```
障害概要
日時:2023年8月12日 14:00～16:00
影響範囲:全ユーザー（約50,000人）がサービスにアクセスできない状態
対応時間:2時間

インシデントタイムライン
14:00 - モニタリングシステムがサービスの応答性低下を検知しアラート発出。
14:05 - オンコールエンジニアがアラートを確認し、障害対応を開始。
14:15 - 初期診断の結果、データベース接続プールの枯渇が確認される。
14:30 - データベース接続設定の誤りが原因と特定。設定の修正を開始。
15:00 - 修正作業完了。サービスの再起動を実施。
15:30 - サービスが正常に稼働を再開。
16:00 - すべてのシステムが正常に戻り、障害対応完了。

原因分析
- 直接原因:データベース接続プールの設定誤り（最大接続数が過小設定されていた）
- 根本原因:設定変更プロセスの欠陥（設定変更が適切にレビューされていなかった）
```

対応の評価としては、モニタリングシステムが迅速にアラートを発出し、オンコールエンジニアが迅速に対応を開始した点は効果的でした。しかし、設定変更プロセスのレビュー体制やドキュメントの整備が不十分であったことが改善点として浮き彫りになりました。再発防止策として、設定変更時に複数のエンジニアによるレビューを必須とし、変更履歴を記録して追跡可能にすることが提案されました。また、データベース接続プール設定に関する詳細なドキュメントを作成し、チーム全体で共有することも決定されました。

このようなポストモーテムを実施することで、組織全体が障害から学び、

再発防止策を具体的に策定できます。また、ポストモーテムの結果を**社内の全エンジニア**と共有できるようにし、定期的なチームミーティングで内容を再確認することで再発防止策の進捗を確認できますし、新しく入ったメンバーもそのログを追うことでシステムへの理解度が上がります。

ポストモーテムは単なる障害の振り返りではなく、組織全体の学習と成長を促進するための重要なプロセスであり、**繰り返される失敗をなくす対策**となります。繰り返される障害を防ぎ、システムの信頼性を高めるために、ポストモーテムの導入と継続的な実施を強く推奨します。これにより、チームの技術力が向上し、より安定したサービス提供が可能になります。

■効果的に行うためのポイント

ポストモーテムを効果的に行うためには、いくつかのポイントに注意する必要があります。

まず、**障害の詳細な記録**を行うことが重要です。発生日時、影響範囲、対応時間などを正確に記録することで、あとの分析がスムーズに進みます。次に、インシデントタイムラインを作成する際には、すべてのステップを詳細に記録し、各段階で何が起こったのかを明確にします。これにより、問題の特定が容易になり、適切な対策を講じるための基礎が築かれます。

原因分析では、表面的な原因だけでなく、潜在的な根本原因を見つけ出すことが重要です。これには、チーム全員が参加し、異なる視点から問題を検討することが有効です。また、障害対応のプロセスを評価する際には、成功点と失敗点を公平に評価し、改善すべき点を具体的に洗い出します。このプロセスでは、透明性を持って情報を共有し、全員が理解できるようにすることが大切です。

再発防止策の策定には、具体的で実行可能な対策を講じることが求められます。たとえば、設定変更プロセスの見なおしやドキュメントの整備、トレーニングの実施などが考えられます。これらの対策は、実行可能性と効果を考慮し、現実的なものにする必要があります。さらに、これらの対策を継続的に見なおし、必要に応じて改善することで、効果を最大化することができます。

ポストモーテムの共有は、組織全体の透明性を高めるために不可欠です。障害対応後、ポストモーテムの結果を社内の全エンジニアと共有し、定期

表2-3-1 チームとして月ごとに記録

	1月	2月	3月	4月	5月	6月
障害発生件数	+3件	+0件	+2件	+1件	+0件	+3件
再発防止完了件数	1件	2件	1件	1件	1件	2件
残:再発防止対応件数	2件	0件	1件	1件	0件	1件

的なチームミーティングで内容を再確認することで、再発防止策の進捗を報告し続けることが重要です。また、学んだ教訓をほかのプロジェクトにも適用することで、組織全体の成長を促進できます。

さらにチームとして**表2-3-1**のように月ごとに記録していくのもよいでしょう。

ポストモーテムは、単なる障害の振り返りではなく、組織全体の学習と成長を促進するための重要なプロセスです。繰り返される障害を防ぎ、システムの信頼性を高めるために、ポストモーテムの導入と継続的な実施を推奨します。

2.4 「低リスクなムダな失敗」から「リスクを取った学べる失敗」へ

ここまで間違った失敗の概念として「隠された失敗」と「繰り返される失敗」を見てきました。いかに透明性を担保しながら課題を早期に見つけて対応していくかを説いてきましたが、最後に逆説的ではありますが、時にはリスクをとって大きく失敗するべきという話をします。

小さく作ればよいというものじゃない

現代のソフトウェア開発において、アジャイル開発手法や開発生産性を高めるために「小さく作ろう」「細かくリリースしよう」という考え方が広く受け入れられています。このアプローチには多くのメリットがあり、迅速なフィードバックやリスクの最小化を図ることができます。しかし、一方でこのアプローチが行きすぎるとスケールが小さくなりすぎることもある

2.4 「低リスクなムダな失敗」から「リスクを取った学べる失敗」へ

でしょう。本来、大きく作らないと学べないことを、小さく作ることで見失ってしまうこともあります。

多くの現場では、フェーズを小さく切り刻んで作ることでリスクを低減しようとします。しかし、これにより本当に学びたかったことが学べず、早期にこの仮説は駄目だと判断してしまうことがあります。そういった小さく作る文化が根付いていくとプロダクトバックログは小さな施策で埋め尽くされ、大きな工数を必要とする施策に対しては反対意見が出ることも珍しくありません。組織全体が「大きく作ることが怖い」という感覚を持ち始めたら危険信号です。

ここでは、MVP(*Minimum Viable Product*)という考え方が悪さをしています。最小限のプロダクトを早期にリリースするMVPの概念は非常に有効です。しかし、このMVPの「V(*Viable*)」の部分が欠落し、「とりあえず小さく作ってみよう」という方向に偏りすぎると、本来の目的を見失うことがあります。「V(*Viable*)」を考える前に、MVPは**どのようにMinimizeされるべきなのか**について考えると、以下の3つが当てはまるでしょう。

- 実装が難しそうだから、簡易的なものを作ってみよう
- 全部やると工数がかかりそうだから、少ない工数でできる方法を探そう
- 競合が提供している機能のコア部分だけを最小限で開発しよう

これらはすべて機能や工数をMinimizeする考え方ですが、その結果、V(*Viable*)の部分が過剰にMinimizeされてしまいます。次に、具体例を挙げて説明します。

- 学習：カゴ落ちによる離脱率が30％と高い。全体的に購入時のクーポン利用率が低い傾向がある
- 仮説：決済画面のクーポン導線が見づらいため、もう少し利用が促進されるデザインが必要ではないか
- 検証したいこと：カゴ落ちのユーザーに対してクーポン利用率を向上させることで売上が向上するかどうか

ここで考えるべきは、仮説に対してどの程度の規模で検証すべきかです。仮説を証明するために必要なスキームのサイズが大きいのであれば、Minimizeせずに実行する必要があります。検証のための機能や実装工数を無理に縮小するのではなく、**仮説を適切に検証できるかどうか**を基準に判

第2章 「間違った失敗」から「正しい失敗」へ

断します。小さくしすぎて検証が不十分であれば、学習ができず次に進めなくなるからです。

たとえば、クーポン利用率を向上させるために、決済画面での導線改善に加えて、サイトトップへの導線追加やプッシュ通知によるクーポンの取得案が出たとします。すべて対応すると5人月かかるので、まずは5人日でできる決済画面の改善だけで様子を見ようと考えるのではなく、ユーザー体験やセグメントに基づいてどこに導線を整備すれば仮説が最も確実に検証できるかを検討すべきです。たとえプッシュ通知の実装が2人月かかるとしても、それが最も効果的な解決策ならば、実施するべきです。

工数や実装難易度でMVPをスライスしない

もう少し具体的にいえば、MVPを定義するときにユーザーストーリーマッピングを作成することがよくあります。ユーザーストーリーマッピングとは、Jeff Patton氏が提唱した、ユーザーの要求や行動を分析し、それを図示する手法です。プロダクトの全体像を把握しつつ、ユーザーがサービスを利用する際のストーリー(ユーザーにとっての価値)を抽象化して表示します。これにより、作成する機能(ユーザーストーリー)がなぜ必要で、どのタイミングで、どのような状況で提供すべきかを俯瞰できます。

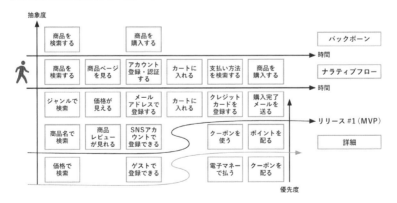

図2-4-1　ユーザーストーリーマッピング

たとえば、ECサイトを作成する場合、**図2-4-1**のようなユーザーストーリーマッピングが考えられます。

バックボーンやナラティブフローは主にユーザー体験の部分であり、詳細は「〜ができる」という形で機能単位になることが多いです。この機能単位の部分で優先度をつけ、ユーザー体験を見ながらどこまでをMVPとしてスライスできるかを考えていきます。たとえば、「支払い方法を検索する」という体験では、クレジットカードの使用はMVPとして必須ですが、クーポンを使う、電子マネーで払うといった機能は初期リリースのあとに追加する、といった意思決定が行われます。

このようにスライスを行う際に、工数や実装難易度によって優先度を変えてはいけません。たとえば、ECサイトの重要KPIとしてリピート購入を促したいにもかかわらず、「商品を購入する」というナラティブフローの中で、「ポイントを配る」というアクティビティを初期リリースに含めないという判断は避けるべきです。工数が多少大きくても、ECサイトの価値を評価するうえでの課題に対する検証方法はMinimizeするべきではありません。リテンションを生むかどうかを判断するうえで、同じ「商品を購入する」体験において、購入動機を促進する「ポイント」と「クーポン」のどちらかをMVPとして提供するという判断は合理的です。

繰り返しになりますが、仮説に対する検証方法をMVPとしてスライスするべきであり、工数や実装難易度でスライスしてはいけません。工数ベースで小さく作り、ムダな失敗を繰り返すのであれば、予算リスクを取って学べる失敗のほうが価値があります。

2.5 正しく失敗できれば、失敗をコントロールできる

第2章のまとめとして、間違った失敗を正しい失敗に置き換えていく観点からいえば、正しく失敗を繰り返すことができれば、失敗をコントロールすることが可能です。

組織の改善において最も重要なことは、アンコントローラブルな状態を**継続的にコントローラブル**にしていくことです。この「継続的に」という視

点が不可欠です。たしかに、アンコントローラブルな状況をコントロールしようとするなら、強固なマイクロマネジメントを行えば、一時的に組織は指示命令に従って半強制的に動きます。しかし、それは持続的ではありません。マネジメントコストが上昇し、組織のモチベーションを維持することが難しくなるでしょう。

失敗をコントローラブルにすることで得られる大きなメリットは**「時間」**です。間違った失敗を正しい失敗へと置き換えていく作業は、最終的に「時間」をコントロールできることにつながり、プロジェクトをタイムリーに進めることができます。

- 「隠された失敗」→「透明性のある失敗」
  課題解決にかかる時間をコントロールできる
- 「繰り返される失敗」→「学べる失敗」
  再利用できないムダな時間をなくすことができる
- 「低リスクなムダな失敗」→「リスクを取った学べる失敗」
  ムダな**学習**時間を短縮できる

不確実性をはらんだ事業環境の中で勝ち抜くためには、狙ったタイミングで狙ったプロダクトを提供することが不可欠です。そのタイミングに合わせて適切なプロダクトを開発し、マーケティング、セールス、CSの戦略と結び付けたものを提供するためには、人的リソースやコミュニケーションを適切にまわす組織デザインとプロセスの整備が必要です。

「隠された失敗」→「透明性のある失敗」
―― 課題解決にかかる時間をコントロールできる

隠された失敗として、主に組織構造上のコミュニケーションの問題について言及しました。

隠される事象が多くあることで、問題発見が遅くなり、その分**解決に使える時間が減る**ことでムダなコストが発生し、さらに二次被害が起きる可能性があります。デッドラインに向けて時間があればあるほど、解決に向けた手段が抱負になります。逆に時間がないと既存メンバーに負荷をかけるか予算をかけながらパワープレイで解決するしかなくなります。それに対する対策として、成功報告ではなく失敗報告を称賛する文化作りや、ソ

フトウェア開発でいえば開発優先度や障害発生対応におけるエンジニアの説明責任能力が必要になることを述べてきました。

透明性を担保することによって、たとえ課題が多い現場でも問題解決のために時間を多く確保できることで、解決までにかかる時間とその時間の中で使える解決手段をコントローラブルにすることができます。逆に時間がないと解決手段が絞られてきて（予算による人員投下など）、本来つぶせるリスクが顕在化している中で突き進むしかなくなります。

「繰り返される失敗」→「学べる失敗」
――再利用できないムダな時間をなくすことができる

繰り返される失敗として、仮説検証における学習フェーズを軽視し、リソース効率を優先することで同じ失敗を繰り返すプロダクトチームの例を挙げました。また、エンジニアリングのインシデントにおいても、再発防止策をきちんと振り返らないことで、繰り返される障害が売上に損失を与えることについても触れました。

失敗というカテゴリの中で最も意味が薄いのは、**再利用できない失敗**です。インシデントに目を向けると、ソフトウェア開発は企業にとって資産として残るものです。たとえ無駄なものを作り開発費用が膨大にかかったとしても、少しでもユーザーが利用し、価値を生み出して売上を作っている限り、それは資産として有用です。リファクタリングやミドルウェアのバージョンアップといった内部品質の改善も、資産の耐久年数を延ばしているという点で意味があります。

しかし、ソフトウェアのインシデントによる障害復旧は、資産価値を向上させるものではありません。障害を完全にゼロにすることは不可能ですが、障害復旧は基本的に資産価値がなく、再利用できない行為です。さらに、同じ原因によって繰り返される障害は、さらなる無駄を生み出します。これを少しでも再利用可能なものにするためには、ポストモーテムとしてドキュメントに記録し、原因と再発防止策を分析し、組織学習に活用することが重要です。これは仮説検証の学習フェーズを重視するという文脈とも一致します。

あらゆる失敗は、スピード感が求められる昨今の市場環境では当然のことです。重要なのは、いかにして失敗を「**再利用可能な資源**」とし、それを

多く残すことで組織を強くする資源に変えるかということです。

「低リスクなムダな失敗」→「リスクを取った学べる失敗」
――ムダな学習時間を短縮できる

　最後にMVPの弊害として例に上げた項目は「失敗を少なくするためには小さく作ればよい」という考え方のアンチテーゼになります。

　仮説検証における学習を重視する中で、小さく作って小さくリリースを繰り返しその結果を学習するというのは一見良さそうに見えますが、学習するにあたって必ずしも「小さく作る」が正しくない場合があります。正しくないとは、MVPのV（*Viable*）という観点ではなく、工数や実装難易度によってそのMVPのサイズを決めることです。その状態でMVPをリリースしたとしても仮説が正しく学習できず、その後の仮説検証に連続性が生まれません。工数が大きくかからないと学習できない仮説課題であれば、工数をMinimizeせずに大きく作ることが必要です。Minimizeするのは検証方法の角度でなければなりません。

　これはPdMや事業責任者が工数の大きさに縛られ、リリース時期を気にして起こる事象です。開発組織としては開発生産性を上げていき、こういった事象に陥らないように開発速度を継続的に上げていくことも解決策ではあるでしょう。こうした活動が、結果として**ムダな学習時間**を減らすことにつながり、目指すプロダクトにベクトルが合ってくる可能性が高くなります。

第2章 まとめ

- 競争優位性として開発スピードが重視されていく中で、正しい失敗を繰り返さないと取り残されてしまう
- 隠された失敗は時間経過とともに解決手段を圧迫し、新たな失敗を作る
- 成功ではなく失敗した報告を透明性高くできる文化を醸成する
- エンジニアはあらゆる場面で説明責任を負う
- 繰り返される失敗をしないためには学習フェーズに時間をかける
- 小さく作って学習できないのであれば、大きく作って学べる失敗へ
- MVPは機能の工数や難易度でMinimizeしない

参考文献

- マシュー・サイド著／有枝春訳『失敗の科学』ディスカヴァー・トゥエンティワン、2016年
- Kent Beck、Cynthia Andres著／角征典訳『エクストリームプログラミング』オーム社、2015年
- Douglas Squirrel、Jeffrey Fredrick著／宮澤明日香、中西健人、和智右桂訳『組織を変える5つの対話──対話を通じてアジャイルな組織文化を創る』オライリー・ジャパン、2024年
- Steve McConnell著／溝口真理子、田沢恵訳／久手堅憲之監修『ソフトウェア見積り──人月の暗黙知を解き明かす』日経BPソフトプレス、2006年
- 「Don't refactor the code」https://dev.to/katafrakt/dont-refactor-the-code-igk
- 石垣雅人著『DMM.comを支えるデータ駆動戦略』マイナビ出版、2020年
- 「Is High Quality Software Worth the Cost? - Martin Fowler」https://martinfowler.com/articles/is-quality-worth-cost.html
- 「技術的負債を抱えたレガシーコード。変なメソッド名と入り組んだロジック、リファクタリングするならどちらが先？（前編）」https://www.publickey1.jp/blog/24/post_301.html
- 「技術的負債を抱えたレガシーコード。変なメソッド名と入り組んだロジック、リファクタリングするならどちらが先？（後編）」https://www.publickey1.jp/blog/24/post_302.html

第 3 章

「正しい失敗」は
技術革新によって
作り出された

第3章 「正しい失敗」は技術革新によって作り出された

第1章、第2章では、間違った批判を引き起こす行動パターンと、その結果である間違った失敗を正しい失敗に置き換える必要性について述べてきました。

第3章では、なぜ「正しい失敗」が可能になったのか、その歴史的な背景を探っていきます。

3.1 チームサイズの変化

ソフトウェア開発の歴史を紐解くと、時代の流れに沿って正しく失敗できるように設計されていることがわかります。全体像としては、**図3-1-1**に示すように、技術の進化と、それを活用しながら開発するプロセスの進化が並行して進んできました。

歴史を1970年代までさかのぼると、ウォーターフォール型開発が主流でした。この手法では、1つのインクリメント（成果物）を作るにあたり、まず全体の計画を立て、要件定義フェーズ、開発、テストといった工程を順次進めていきます。各フェーズのロールバックは基本的に行わない「計画主

図3-1-1 技術の進化と開発者体験の変化

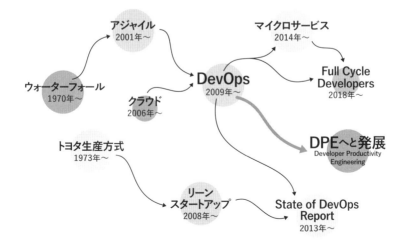

義的」な開発手法です。

　しかし、2000年代初頭に「アジャイルソフトウェア開発宣言」が登場し、アジャイルという概念が浸透しました。アジャイルでは、こまめに計画を見なおしながら、時間軸に沿って進行状況を確認し、不確実性を小さくして進めます。実際に手を動かし、PoC（*Proof of Concept*：実証実験）やMVP（*Minimum Viable Product*：仮説検証可能なプロダクト）を通じて動くソフトウェアを作り、ユーザーからのフィードバックをもとにプロダクトの軌道修正を行うことが特徴です。ウォーターフォール型では計画のズレを軌道修正するのに対し、アジャイル開発ではプロダクト自体を軌道修正していくという違いがあります。

　ケーキ作りでイメージすると、ウォーターフォール型開発は、いちごのホールケーキを作るにあたり、生地を作るチームとトッピングを担当するチームがそれぞれ独立して作業を進め、最終的に接合するような開発です（**図3-1-2**）。完成形が確認できるのは最後の接合部分であり、もし成果物が異なれば、手戻りやリードタイムに大きな影響が出ます。さらに、完成後にユーザーの反応がいまいちでも、「いちごのホールケーキ」という成果物は変更できず、売れない場合は廃棄せざるを得ません。

　一方で、アジャイル型開発は、いきなりホールケーキを作るのではなく、

図3-1-2　ウォーターフォールとアジャイルによるケーキ作り

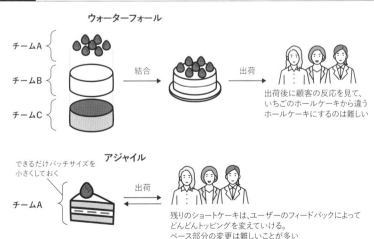

第3章 「正しい失敗」は技術革新によって作り出された

　まずはショートケーキを作り、ユーザーに提供します。バッチサイズをできるだけ小さくし、駄目だったらトッピングを変えるなどして軌道修正を繰り返しながら進めていくのです。

　もちろん、両者の対比構造としてメリットとデメリットがあります。一概にアジャイル型が良いわけではなく、プロジェクトの種類（＝何を達成したいか）によっては、ウォーターフォール型のほうが圧倒的にリソースがスケールしやすかったり、予算計画が立てやすかったりする点があります。

　逆にアジャイル開発では、小さく作ってユーザーのフィードバックによって柔軟に変更を加えていくことが理想とされていますが、これが簡単ではないことも多いです。特に開発の中で、将来的に変更が難しい部分、たとえばデータスキーマのような不可逆性の高い要素は、結局先に設計が必要になることがあります。つまり、すべての要素をショートケーキサイズで小さく開発するわけにはいかないのです。

　アジャイルはプロダクトチームによく適用され、いわゆる終わりがない開発に向いています。プロダクトを継続的にアップデートし、進化させていく開発手法です。一方、ウォーターフォールはプロジェクトチームに向いており、明確なスタートとゴールがあるプロセスに適しています。

　そのため、社内で複数チームが関与するような開発プロジェクトでは、プロダクトチームはアジャイルで動いていることが多いですが、プロジェクト全体としては、1つのゴールに向かって進行するため、ウォーターフォール型の要素が含まれることもあります。

　たとえば、新しいサービスを開発する場合、対象となるサービスを担当するプロダクトチームがアジャイルで開発を進める一方で、社内のプラットフォームシステムやエコシステムを利用してサービスを構築するチームが関わることがあります。この場合、個々のプロダクトチームはアジャイル型ですが、全体としてはスケジュールに従って進行するため、ウォーターフォール型の要素も存在します。以下のフローの場合、❸を見たらそれぞれのチームでアジャイルですが、全体を見るとウォータフォールです。

❶企画〜要求
❷それぞれのチーム（n）が設計して工数算出。計画を作りプロジェクト開始
❸それぞれのチーム（n）がアジャイルに担当ドメインを機能開発

❹ QA部がテスト
❺ リリース（サービスイン）

3.2 チームサイズのスパン・オブ・コントロール

　エンドユーザー向けのサービス開発現場において主流となったアジャイル開発では、プロダクトチームにできる限りオーナーシップを持たせることが重要視されています。オーナーシップとは、権限と裁量、責任、自律性を持つことを意味します。これは、独立したプロセスで意思決定を早め、不確実性の高いプロダクト開発に対応できるようにするためです。

ピザ2枚ルールとダンパー数

　チームサイズに関しては、Amazonが提唱している「ピザ2枚ルール」や、イギリスの人類学者ロビン・ダンバー氏による「ダンバー数」が、よく知られた概念です（**図3-2-1**）。

- ピザ2枚ルール
  効率とスケーラビリティの観点から、社内のすべてのチームは2枚のピザを食べるのに適した人数で構成されるべきだとする考え方
- ダンバー数
  人類学的に3〜5人の「社会集団（クリーク）」が、最も親密な友人関係を築ける人数だとされている

図3-2-1 チームサイズ

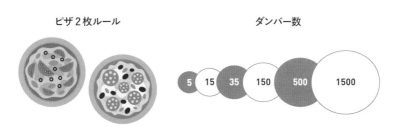

第3章 「正しい失敗」は技術革新によって作り出された

　スパン・オブ・コントロール（*Span of Control*）とは、管理できる限界統制範囲を指し、つまりコントロールできる範囲のことです。これは、さまざまな要因によって左右されますが、一般的に1チームの人数としては5～10名の範囲が推奨されています。

　私たちの世界でいうプロダクト開発チームも同様に、1つのチームに集まる人数には限界があるということになります。これを無視して大人数を1チームにすると、チームが機能しなくなるリスクがあります。そのため、チームにオーナーシップを持たせつつも、チームサイズを適切にコントロールする「スモールチーム」での開発が基本原則となってきます。

■チームサイズの適正化とプロダクトの分解

　ただし、チームサイズを最適に分割していても、扱っているプロダクトやシステム自体が同じように分解されていなければ、その意味はありません。オーナーシップを持つチームが独立したプロセスを構築できず、ほかのチームと密結合してプロダクトを開発している光景はよく見られますが、これではスモールチームの効果を発揮できず、恩恵を受けることができません。

　その結果、チームだけがサイロ化し、「あのチームは何をしているのかわからない」「勝手に行動して障害を引き起こし、自分の担当プロダクトにも悪影響を与えている」といった悪循環が生まれがちです。

3.3 クラウドとコンテナ技術の発展

　昨今のソフトウェアアーキテクチャは、時代の課題感の解決方法と**かなり合致した進化**を遂げています。

　代表的なものは、2005年ごろに登場した「クラウド」によるコンピュータリソースの可搬性です（**図3-3-1**）。リソースを所有する時代からボタン1つであらゆるリソースをスケールさせられる時代になりました。クラウドを利用できるサービスとして代表的なものは、Amazonが提供するAWS（*Amazon Web Services*）、Googleが提供するGCP（*Google Cloud*

3.3 クラウドとコンテナ技術の発展

図3-3-1 クラウドサービス

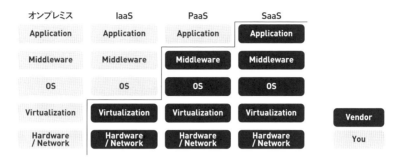

Platform）、Microsoftが提供するAzureが有名でしょう。これらのサービスを利用すれば、サービスの多くの部分をパッケージとして利用することが簡単にできるようになりました。

コンテナ技術によるソフトウェアのパッケージ化も大きな進化でしょう（**図3-3-2**）。違うOSごとにアプリケーションを管理する従来のサーバ仮想化技術ではなく、同一のOS上にDockerを代表としたコンテナ管理のソフトウェアを実行することでサーバ上の独立したOSを仮想化して生成します。特に恩恵を受けることになったのは、IaC（*Infrastructure as Code*）と呼ばれるインフラ部分をコード管理する技術です。IaCに書かれているソースコードを実行し、イメージを生成するだけで独立したアプリケーションのプロセス実行環境が何度も繰り返し整えられるので、スピーディーでありスケーラビリティにサービスが立ち上げられます。

図3-3-2 コンテナ技術

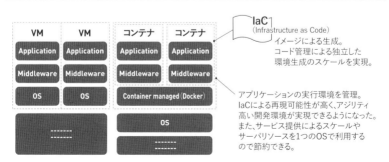

第3章 「正しい失敗」は技術革新によって作り出された

　この2つの大きな技術進化によって、チームがプロダクトを作るのに必要な環境・土台のXaaS（*X as a Service*）利用が進み、技術のポータビリティが上がりました。同時に疎結合な独立した環境でのサービス開発が、スモールチームでの開発をあと押ししました。

　特筆すべきは、こうした技術進化によって同時に技術がコモディティ化するようになりました。悪い意味でとらえれば、誰が実装しても"だいたい"同じような高品質なサービス提供が可能になり、エンジニアのスキル自身もコモディティ化するようになったといえます。良い文脈でいえば、コンピュータリソースを少人数でもサービス規模に関係なくマネージドサービスで管理できるようになったため、以前のように多くのエンジニアを投入してスケールさせなくても、サービスが提供できるようになったともいえます。

3.4 セクショナリズムとDevOps

　こうした技術の登場と合わせて、システムと組織形状の考え方も発展しました。

　「**DevOps**」や「**マイクロサービス**」という考え方です。それに付随する形で「コンウェイの法則」という原理原則についても言及されるようになりました。どれもが、今では標準的に使われる技術や考え方になってきていますが、ここで1つ共通しているポイントは、どれもが「**チームの独立性**」を支える技術、考え方となっている点です。正しい失敗による学習できる組織を作るという面でもこの独立性は重要でしょう。

　裏を返せば、スモールチームで開発するときにこれらの技術を利用せずにプロダクトを作ることは現実的ではないでしょう。システムやその周辺技術とチームの形・組織パターンというものは常に対にして考えなければなりません。

■セクショナリズムとDevOpsというテーマ

　もう少し時流を見ていくと**セクショナリズム**と**DevOps**がテーマにな

3.4 セクショナリズムとDevOps

ってきます。2009年初頭に出てきたDevOpsという考え方は、それ以前までのスタンダートであった開発チーム（*Development*）と運用チーム（*Operations*）という2チーム体制での開発体制に対して、よりワンチームで協調してプロダクトを作っていこうという考え方を示したものです。

時代の流れとして、アジャイルが浸透し始めると、頻繁にデリバリしながら不確実性に対応することが求められるようになりました。いかに柔軟にユーザーからのフィードバックを受けて、プロダクトを迅速にアップデートしていくかが重要視される中で、「新規追加」をスピード感を保ちながら大量に行いたい開発チームと、「安定稼働」を損なうのではないかと懸念する運用チームの間には、セクショナリズム（部門主義）的な対立構造が生まれていました。

そうした背景の中で、DevOpsの発展の原点ともいえる「10+ Deploys Per Day: Dev and Ops Cooperation at Flickr（1日に10回以上のデプロイ：Flickrにおける開発と運用の協力）」が公開されたことにより、DevOpsの考え方が広がり始めました（**図3-4-1**）。この発表をきっかけに、「**DevOpsエンジニア**」と呼ばれる役割が注目されるようになり、運用を自動化し、柔軟で継続的なデリバリができる環境を整えるエンジニアが増えていきました。

図3-4-1 10+ Deploys Per Day: Dev and Ops Cooperation at Flickr

1. Automated infrastructure
2. Shared version control
3. One step build and deploy
4. Feature flags
5. Shared metrics
6. IRC and IM robots

1. Respect
2. Trust
3. Healthy attitude about failure
4. Avoiding Blame

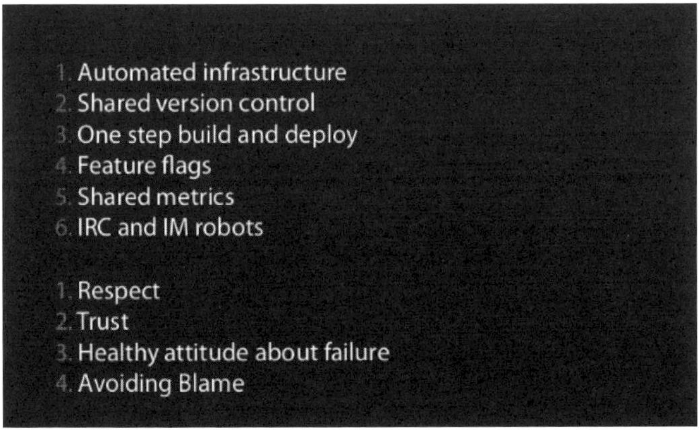

出典：「10+ Deploys Per Day: Dev and Ops Cooperation at Flickr」
　　　https://www.slideshare.net/jallspaw/10-deploys-per-day-dev-and-ops-cooperation-at-flickr

第3章 「正しい失敗」は技術革新によって作り出された

特に当時のエンジニアたちに響いたのは、従来の運用チームにはなかった自動化の重要性や、Feature flagsによる機能のオン／オフの実現、IaCによるインフラのコード管理、バージョン管理、さらにはChatBotなどのチャットツールを通じてワンステップでビルドやデプロイが可能になるといったプラクティスが盛り込まれていたことです。これらは現在では当たり前になりつつあるプラクティスであり、Flickrの事例はその先駆けとなりました。

■人のスケールではなく、自動化ツールの提供によるスケールを目指す

DevOpsが注目を浴び始めたころ、2011年にForresterが1つのレポートを出しました。「Augment DevOps With NoOps」と呼ばれるものです。ここにはクラウドサービスの進歩により、あらゆるプロセスが自動化されることで運用や運用チームそのものがいらなくなる、つまり、「NoOpsである」ということが書かれています。合わせて、DevOpsを推し進めていたNetflixのAdrian Cockcroft氏が書いた「Ops, DevOps and PaaS (NoOps) at Netflix」も読むとよく理解できます。

その書きっぷりから拡大解釈されることが多かったのですが、言いたい

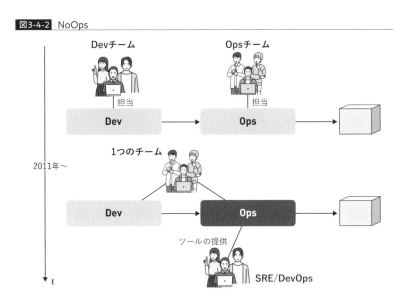

図3-4-2　NoOps

ことはプロダクトを運用・保守するにあたって、運用チームは人数によってスケールするのではなく、**自動化ツールの提供によるスケール**を目指すべきだということです（図3-4-2）。運用するサービスが増えたら、それを運用する開発者をチームに招き入れるのではなく、自動化ツールを作る開発者を増やします。

　1つ誤解しがちなのは、運用チームがいらなくなったのではありません。運用チームの役割が変わったという言い方のほうが正しいでしょう。これは今でいうGoogleが提唱している「**SRE**」という形に近いでしょう。一連のバリューストリームに対して、ウォーターフォール型の開発のように開発は開発チーム、デリバリは運用チームという工程で分かれていたものが、運用チームはツールを開発し提供することで、直接プロセスには介入せずに運用チームが開発したツールを利用してもらう形になりました。これによってリードタイムが短くなっただけではなく、運用チームはプロダクトが多くなっても、プロダクトごとに運用チームを配置する必要はなく、ツールを提供すればよいため、スケーラビリティがとても向上しました。つまり、運用チームもスモールチームで成り立つようになりました。

　合わせて開発チームに対してツールを提供することで、開発チームが作って終わりではなく、好きなときに好きな機能を好きなだけリリースできるようになり、開発から運用保守まで行う時代になりました。

3.5 マイクロサービスとコンウェイの法則が、スモールチームとシステムのあり方を定義した

　DevOpsやSREといった考え方が普及したことにより、1つのチームでプロダクトの開発からデリバリまでを完結させることができるようになりました。また、マネージドサービスに任せられる部分は任せることで、サービスの規模を人力でスケールさせる必要が少なくなり、スモールチームでも大規模なサービスに太刀打ちできる環境が整ってきました。

　次に着目すべきは、**マイクロサービス**という考え方です。近年のプロダクト開発におけるソフトウェアアーキテクチャのデファクトスタンダードともいえるこの考え方は、アジャイル的な組織形態やパターンの考え方と、

▶第3章 「正しい失敗」は技術革新によって作り出された

DevOps的なシステムプロセスの考え方がうまく融合したものです。この2つの要素がなければ、マイクロサービスという考え方は成立しなかったといえるでしょう。

マイクロサービスという考え方を広めたのは、James Lewis氏と、2001年のアジャイルソフトウェア開発宣言を策定した1人でもあるMartin Fowler氏が書いた「Microservices - a definition of this new architectural term」という記事でしょう（**図3-5-1**）。

マイクロサービスを理解する第一歩としては、「モノリシックな環境＝単一のユニットとして構築されたモノリシックなアプリケーション」との対比で考えるとわかりやすいです。単一のアプリケーションを、小さなサービス単位に分割し、それぞれが独自のプロセス（多くはAPI：アプリケーションプログラミングインタフェース）で通信するしくみです。これにより、ビジネスドメイン単位で分割され、互いの依存関係が少なく、独立して開発を遂行できるソフトウェアアーキテクチャの形が生まれました。これを「マイクロサービス」と呼びます。

図3-5-1 マイクロサービス

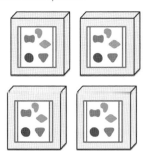
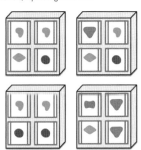

出典：「Microservices」https://martinfowler.com/articles/microservices.html

3.5 マイクロサービスとコンウェイの法則が、スモールチームとシステムのあり方を定義した

　このマイクロサービスをあと押ししたものとしては、やはりクラウド、アジャイルの発展があります。

　アジャイルチームで独立したプロセス環境下で開発を推し進めようにも、モノリシックな環境では複数のアプリケーションが同一のサーバ側アプリケーションに存在するため、徐々に機能数が増えたり技術的負債が蓄積することで、「組織構造」起因での変更可能性のハードルが高くなります。

　つまり、モノリシックな環境では、アジャイルなスモールチームでの高いリリースサイクルにシステムが耐えられなくなります。そのような中、クラウドサービスが発展してコンテナ技術とXaaSをうまく利用しながら、環境を分離できるようになりました。

　また、サーバコストが抑えられることもマイクロサービスをあと押しする形となりました。実際にモノリスな環境から、ビジネス機能単位でマイクロサービスに移行する際の懸念の一つとしてサーバコストがありました。単純に分割した分だけサーバを分ける必要があるからです。

　一方、コンピュータリソースの所有から従量課金になったことでリソースがコントロール可能になり、アプリケーションやデータベースを細かく分割してもトラフィックサイズの規模やデータサイズ、レコード量によって柔軟にコスト分割させることができようになったことも影響していると考えています。

　マイクロサービスと相関してよく語られるものに「コンウェイの法則」という着眼点があります。マイクロサービスというのは、あくまでもソフトウェアアーキテクチャだけの考え方ではなくて、アプリケーションを分割した先には、それを作っているチームがいます。独立したプロセスを活かす意味でも、分割された一つ一つのコンポーネント単位でオーナーシップを持ったスモールチームがいるといってもよいでしょう。

　コンウェイの法則とは、組織の集合体とアーキテクチャの相関関係の現象を表したものです。メルヴィン・コンウェイ氏が提唱した概念で、一言で言えば、以下の表現で言語化できます。

　「システム設計（アーキテクチャ）は、組織構造を反映させたものになる」

　つまり、システムの形とそれを作っている組織の形は同じになるということです（**図3-5-2**）。大きいモノリスなアプリケーションがあれば、同じ

第3章 「正しい失敗」は技術革新によって作り出された

図3-5-2 コンウェイの法則

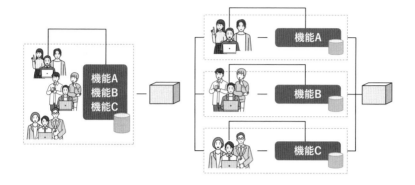

く大きい開発チームがあり、逆に小さいアプリケーションがたくさんあれば、小さいチームがたくさん存在する傾向があるということです。裏を返せば「悪い組織構造はそのまま悪いシステムを作り出す」ということもいえます。組織構造が先か、システムが先かは「鶏が先か、卵が先か」問題と同じですが、どちらにしてもお互いが相関しあっていることは間違いありません。

また、これを逆手にとって、組織の形状を設計するときに理想のシステムアーキテクチャを描き、最初からそれに合わせた組織の形状をグランドデザインしてしまおうという考え方が逆コンウェイの法則です。たとえば、マイクロサービス化を進めるのであれば先にドメイン境界をもとに「どういった単位で分割するか」を決め、そこにチーム編成を合わせていく。そうすると、おのずとマイクロサービスの因子に対してスモールチームが複数ある状態になるでしょう。もちろん、理想論であり、実際には既存のシステムがあり、そこにはすでに人がいるため、きれいな分割に対する人材配置にはならないことが多いですが、理想の考え方としては理解できます。

3.6 フルサイクルでのエンジニアリングが可能に

　最終的に、クラウドサービスや便利なライブラリ、フレームワークといったエコシステムを取り入れ、チームサイズを意識しながらスモールチームの中でアジャイルの概念を取り入れると、実態としてソフトウェアライフサイクルをすべてスモールチームで担うことが可能になってきました。

　それをわかりやすく述べているのが、"**Full Cycle Developers**"という概念です（図3-6-1）。Netflixが2018年に提供した概念で、端的にいえば「アイデアがあり、それをユーザーへ届けるまでを1つのサイクルと定めて、それをすべてのエンジニアができるようにする」ということが書かれています。一連のソフトウェアライフサイクルにオーナーシップを持ち、設計から開発、テスト、デプロイ、運用、運営までを行うことで、ユーザーフィードバックからの学習を加速させます。当然、リソースは限られているため開発者ツールやエコシステムを充実させることが重要であるとも述べられており、DevOpsの原則にインスピレーションされたと書かれています。

図3-6-1　Full Cycle Developers

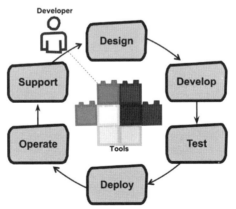

出典：「Full Cycle Developers at Netflix — Operate What You Build」
https://netflixtechblog.com/full-cycle-developers-at-netflix-a08c31f83249

第 3 章 「正しい失敗」は技術革新によって作り出された

　また、以下のような文章で、構築したものを運用することの重要性や、サイロ化を破壊し学習とフィードバックを高速で回すことができる開発者ツールによって実現できるようになったと語られています(**図3-6-2**)。まさにこれは今まで述べてきた技術革新を総評しているような話になっています。

> "Operate what you build" puts the devops principles in action by having the team that develops a system also be responsible for operating and supporting that system.
>
> 「自分たちで構築したものを運用する」というのは、システムを開発するチームがそのシステムの運用とサポートも担当することによりDevOpsの原則を実践することです。
>
> We could optimize for learning and feedback by breaking down silos and encouraging shared ownership of the full software life cycle
>
> サイロを取り壊し、すべてのソフトウェアライフサイクルに対する共有を奨励することにより、学習とフィードバックの最適化を可能にする
>
> Ownership of the full development life cycle adds significantly to what software developers are expected to do. Tooling that simplifies and automates common development needs helps to balance this out.
>
> 開発ライフサイクル全体のオーナーシップはソフトウェア開発者に期待されることを大幅に増加させます。共通の開発ニーズを簡易化し自動化するツーリングは、これをバランスよく補助します。

　こうした技術革新によってプロダクトの作り方も変化し、チームの構造やサイズ・開発者体験(*Developer Experience*)も変化してきた中で、前述した「正しい失敗」がしやすくなったのは間違いありません。

3.6 フルサイクルでのエンジニアリングが可能に

図3-6-2 豊富な開発者ツール

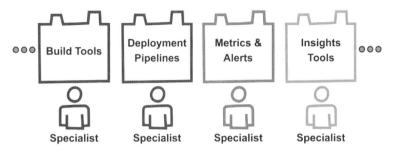

出典：「Full Cycle Developers at Netflix — Operate What You Build」
https://netflixtechblog.com/full-cycle-developers-at-netflix-a08c31f83249

第3章 まとめ

- 失敗を「正しい失敗」へと引き戻す、失敗に対応するエンジニアリングの強化が必要になった
- 「正しい失敗」は、技術革新によってソフトウェア開発を根本的に変えたことで実現できるようになった

参考文献

- John Allspaw「10+ Deploys Per Day: Dev and Ops Cooperation at Flickr」https://www.slideshare.net/jallspaw/10-deploys-per-day-dev-and-ops-cooperation-at-flickr
- Mike Gualtieri, Glenn O'Donnell「Augment DevOps With NoOps」https://www.forrester.com/report/augment-devops-with-noops/RES59203?objectid=RES59203
- Adrian Cockcroft's Blog「Ops, DevOps and PaaS (NoOps) at Netflix」https://perfcap.blogspot.com/2012/03/ops-devops-and-noops-at-netflix.html
- James Lewis, Martin Fowler「Microservices - a definition of this new architectural term」https://martinfowler.com/articles/microservices.html
- Netflix「Full Cycle Developers」https://netflixtechblog.com/full-cycle-developers-at-netflix-a08c31f83249

第 4 章

「間違った失敗」の背景にある「関係性の恐怖」

第 4 章 「間違った失敗」の背景にある「関係性の恐怖」

　第3章までは、間違った失敗と正しい失敗の概念と実際の事例、そして正しい失敗が可能となる背景について述べてきました。第4章では、その背景にある「人と人との関係性」と「つながり」に着目し、より深い根源を探っていきます。

　ソフトウェア開発は、エンジニアリングの技術的な側面だけでは成り立っておらず、**「関係性」の構築**という、チーム内での集団活動の泥臭い部分が大きな成功要因となっています。

　組織とは、文化やポリシーなどの規律的制約、または「給与を上げたい」「評価されたい」「上司を失望させたくない」といった感情に基づく**失敗を避けたい**という心理、さらに「納得のいかないプロダクトを作りたくない」「リモート勤務か出社か」といったライフバランスに影響する生産性の考え方など、さまざまな価値観が複雑に混じり合って成り立っています。

　一番大きいのは**「対人関係の難しさによる関係性の失敗」**です。対人関係の難しさについては、昨今のリモート環境でチーム開発をしていく中での難しさに触れていきます。相手の感情をつかむ難しさ、そこから見えてくるマネジメントの難しさ、自責思考と他責思考による業務の遂行力の低下について触れていきます。

　加えて「**間違った目標設定と評価制度が失敗を作る**」という点にも触れていきます。目標設定と評価制度の文脈では、目標設定の目的は予測ではなく**状態の定義**という話と、そこから生まれてくる成長曲線の重要性、評価する側・される側の関係性が成り立っていないとソフトウェア開発が失敗に向かうという事例について見ていきます。

4.1 エンジニアの「できない」という言葉の意味

　組織内でのコミュニケーションがうまく取れていない場合、エンジニアの**「できない」**という言葉が引き起こす現場の**ハレーション**をよく目にします。

　PdM（プロダクトマネージャー）やデザイナーが、プロダクトをより良い方向に進めようと「この機能があったら良い」「このユーザーインタフェー

スにしたらもっと良くなる」と提案した際、それを実現するのはエンジニアです。こうした提案が相談ベースで行われ、「これ、できそうですか？」と聞かれたとき、「ちょっとできないと思います」「ちょっと厳しいですね」といった返答をしたことはないでしょうか？

これは、**関係性の恐怖から生じる現象**の一つといえるでしょう。

エンジニアの立場から見ると、提案された機能の追加や修正を行うと、現在進行中の開発が遅れ、リリース予定日に間に合わなくなるリスクが生じます。また、納期を守るために残業を強いられる可能性が高くなり、さらにタスクの優先度を変更するためにPM（プロジェクトマネージャー）に相談するコストも無視できません。そして、納期の遅延を承認できる立場にない人から提案を受ける場合、どのように対応すべきかが不明確なこともあります。こうした複合的な要因から、**「とりあえずできない」**と否定的に答えることがよくあります。

しかし、裏には以下の理由があります。

❶ほかのタスクをしているので「できない」
❷今の機能では「できない」
❸何かしらの制約で「できない」
❹時間がかかるので「できない」
❺今のチームスキルだと「できない」
❻やるべきではないと思っているから「できない」

順番に説明していきましょう。

❶ほかのタスクをしているので「できない」

これは「優先度」や「順番」の問題です。差し込みで要望が来た場合、日々バックログアイテムの完了定義に基づいて作業を進めているエンジニアは、**コンテキストスイッチ**を余儀なくされます。また、優先度の再調整やリリース日に対する逼迫感がある場合は、プロジェクト全体にも影響が出るかもしれません。

一方で、依頼や相談をする側は、エンジニアリングチームのリソース状況、つまり**どの程度余裕があるのか**、または**逼迫しているのか**を把握でき

▶第 4 章 「間違った失敗」の背景にある「関係性の恐怖」

ないことが多いです。時には、エンジニアが業務以外のことをしている姿や、雑談している姿を見ると、依頼する側の心情としては納得がいかないこともあります。

そのため、優先度の判断ができるツールをチーム外にも公開し、「何がいつリリース予定で、今どのくらい進捗しているか」を見える化することが有効です。依頼する側も状況が把握でき、無理な要求を避けられるでしょう。

余談ですが、プロダクトチームで1つのプロダクトバックログを扱っている場合、「ちょっとした作業を依頼したいけど、バックログの優先度が厳密に管理されているため依頼しにくい」という状況が発生することがあります。このような**余裕のないチーム**が形成されると、柔軟な対応が難しくなります。もちろん、全リソースを集めて大きな成果物を作り上げるフェーズも必要ですが、組織デザインとして別のチームを設けることも必要です。既存のバックログとは異なるちょっとした改善や他チームからの依頼を処理するチームを作ると、組織全体としてスムーズに動かせます。

また、「優先度」ではなく「順番」の問題も考えられます。現在の作業がクリティカルパスとなっており、前工程が終わらないと要望に取りかかれないケースです。この場合も、依頼する側に対して順番の説明を行うと理解が得やすくなります。

❷今の機能では「できない」

要望に対して、現在の機能やシステムでは対応できないために「できない」と返答してしまうことがあります。

しかし、開発すれば「できる」状態にすることは可能です。たとえば、ECサイトにおいて、検索エンジンで特定のジャンルごとに検索を行いたいという要望があったとします。現状では検索インタフェースはあるものの、商品データにジャンルごとのタグ付けがされていないため、このままでは要望に応えることはできません。

この場合、「できない」というのは、現時点での話です。商品データにタグ付けを行い、検索エンジンをその仕様に適合させることで、最終的には「できる」ようになります。したがって、要望がシステムの現状を超えるものであっても、それを実現するためのステップやプロセスをしっかり説明

し、「現状ではできないが、開発すればできる」という形で前向きな対応が可能です。

❸何かしらの制約で「できない」

要望を実現する際に、法令や規約に抵触するケースは多く見られます。

たとえば、景品表示法に違反する可能性があるため、特定のキャンペーンを実装してはいけない場合や、モバイルアプリではAppleやGoogleのプラットフォーム規約に抵触し、アプリケーションがリジェクトされる恐れがある場合も少なくありません。こういった状況では、法令や規約を遵守する必要があるため、要望に応えることは「できない」という結論になります。

また、ほかの会社やチームとのシステム連携が必要な場合に、「できない」という回答をすることが多くなります。連携先のシステムや他チームのシステム改修が必須であり、自分たちのチームだけでは実現が難しいケースです。厳密には、自分たちの操作可能範囲外であるため、要望を即座に実現できないことを伝える必要があります。このような場合は、連携が必要な他チームや外部パートナーとの協力を得ながら進めるべきかどうかを含め、関係者全員に現状を丁寧に説明し、対応方針を決めていくことが重要です。

❹時間がかかるので「できない」

「❶ほかのタスクをしているので「できない」」に近いですが、要望として期待されるスケジュール感に対して単純に時間がかかりすぎるので「できない」というケースです。

Webサイトのパフォーマンスが悪く（「ページが開く速度が遅い」など）、ユーザーが離脱しているので、来月ぐらいにはどうにかしてほしいという要望があったとします。対策として画像の遅延読み込みを実装しようとしたが、長年の技術的負債が多く影響範囲が多岐にわたるため、来月には「できない」という判断をすることもあります。

❺今のチームスキルだと「できない」

現行チームの技術レベルだと「できない」です。

たとえば、通常のWebアプリケーションのエンジニアたちに「2ヵ月後にAIを使ったサービスを作るぞ！」というのは時間をかければ可能ですが、通常開発している環境と違うので多少のキャッチアップの時間がかかります。今までどおりのスケジュール感だと難しいため、学習の時間も込みで工数・工期を考えなければなりません。

❻やるべきではないと思っているから「できない」

エンジニア自身がプロダクトや機能について「やるべきではない」と判断し、それを「できない」という言葉に置き換えて伝えているケースです。このような状況は、要望を出す側が機能の背景にあるユーザーニーズや数値的な改善効果を十分に共有せず、エンジニアリングチームと受託の関係のようになっている場合によく見られます。

要望を出す側が目的や期待する成果を十分に説明せず、単に機能の追加や変更を依頼すると、エンジニア側としてはその要望が本当に必要なのか、ビジネス的な価値があるのかを判断しにくくなります。その結果、要望の意図を理解できず、エンジニアリングの観点から「やるべきではない」と判断して「できない」と返答するケースが発生します。

このような問題を防ぐには、要望の背景や目的、期待する成果をエンジニアと共有することが重要です。エンジニアがプロダクトのビジネス的な価値を理解し、そのうえで技術的な判断を行えるようなコミュニケーションが求められます。

「できない」を「できる」に置き換える

とはいえ、これらすべては、「できない」ではなく、何かしらのハードルがあって「**難しい**」と言い換えられます。つまり難易度の問題、もしくは時間の問題です。相当な制約がない限り、できないことなどソフトウェア開

4.1 エンジニアの「できない」という言葉の意味

表4-1-1 「できない」を「できる」に置き換える

できない	できる
❶ ほかのタスクをしているので「できない」 →	優先度の調整ができれば「できる」
❷ 今の機能では「できない」 →	追加実装する時間があれば「できる」
❸ 何かしらの制約で「できない」 →	制約が回避される・取れれば「できる」
❹ 時間がかかるので「できない」 →	時間(工数)をかければ「できる」
❺ 今のチームスキルだと「できない」 →	スキルを身に付ける時間がある、もしくは他メンバーがやれば「できる」
❻ やるべきではないと思っているから「できない」 →	きちんと納得できれば「できる」

発において存在しません。

つまり「できない」は、何かしらの条件をクリアすれば「**できる**」に置き換えることができます(**表4-1-1**)。

改善を提案する人を冷めさせない

理由を問わず、「できない」という返答が続くと、提案者は**かなり冷めてしまいます**。その結果、そのチームには「忙しそうだから何を言ってもダメ」というレッテルが貼られ、提案すらされなくなることがあります。提案がなくなると、そのチームは周囲からの関心が薄れ、改善が進まなかったり、改善速度が遅くなったりするでしょう。最終的に「**システムは動いているからよい**」という状態に陥り、チームとしての価値が認められなくなります。その結果、成長していないことを理由にメンバーの離職が相次ぐ可能性があります。

その過程で、改善が進んでいないプロダクトが浮き彫りとなり、さらに属人化が進んでしまうこともあります。最悪の場合、トップダウンで「システムを捨てて作りなおす」「システムを放棄する」という判断がなされ、悪循環に陥る可能性もあります。

PdMからすれば、「他社でできているのに、なぜ自社ではできないのか?」「なぜ、これほど工数がかかるのか?」といった疑問を持つことが多いでしょう。エンジニアから「できない」と言われた場合は、単に拒絶するのではなく、「乗り越えるべき問題が多い」という認識を持ち、一緒に解決策を考える姿勢が大切です。

▶第4章 「間違った失敗」の背景にある「関係性の恐怖」

① PdM：ユーザーが検索窓での離脱が多いからジャンルで検索できるようにしたいのですが、さくっとできそうですか？
② エンジニア：ユーザーも使いやすそうですし、CTRの数値も伸びそうで**良いですね！**実現するためのハードルとしてはいくつかあります。
　❶ 現時点での機能にはないので追加実装となります。（❷今の機能では「できない」）
　❷ 今やっている〇〇というタスクが今週リリース予定ですが、これを最優先でやるとなるとそれをずらす必要が出てきそうです。（❶ほかのタスクをしているので「できない」）
　❸ もしくは、このあたりに知見があるBさんに担当を変更すればもっと早くできるかもしれません。（❺今のチームスキルだと「できない」）
　❹ 修正内容としては、データにジャンルのタグを付けるところから始めてアプリケーション側の修正に入るため、2人月程度を超概算工数として認識してもらえばと思います。詳細な見積り（コミットメント）はPRD（プロダクト要求仕様書）を作成するので来週中には出します。（❹時間がかかるので「できない」）
　❺ ざっくりの所感としては、もしかしたらデータ更新時にメンテナンスをかけるかもしれないので多少のダウンタイムが発生し、検索が使えなくなる時間があるかもしれません。（❸何かしらの制約で「できない」）
　❻ 個人的には、できるだけメンテナンスを挟まないようにしたいのと、データ更新についても一気に行うと障害の危険性もあるので、1つジャンルを試して検索できるようにして徐々に適用していきたいです。（❻やるべきではないと思っているから「できない」）
③ PdM：了解です、詳細にありがとうございます。では、リスクを鑑みてデータ更新はとりあえず1つのジャンルから始めましょうか。工数やタスク優先度も了解です。

否定から入るのをやめる

　関係性の恐怖を取り除くためには、まず相手に自分の立場や状況を理解してもらうことが重要です。そのため、言葉を尽くして相手に説明し、過剰なくらいに詳細に伝える姿勢が必要です。
　その第一歩として、**否定から入るのをやめる**ことが大切です。エンジニアは、依頼を受けた際に瞬時に実現方法を頭の中に思い浮かべ、その過程で難易度や課題が見えてきます。そのため、つい最初の反応が否定的にな

りがちですが、これはエンジニアとして**あまり格好良いものではありません**。否定的な返答は、チームの士気を下げ、コミュニケーションの壁を作る原因にもなります。

どんなに難しい依頼でも、まずは「とりあえず、いくつか壁はありますが、できると思います」や「少し方法を考えてみます」といった前向きな言葉を使うことで、チーム全体がポジティブな雰囲気になります。これにより、依頼者も協力的になり、一緒に解決策を模索しようとする姿勢が生まれます。こうしたアプローチによって、より気持ちの良い仕事ができるチームが形成されます。

前向きな返答をしたあと、前述の6つの観点（技術的制約や優先度など）に基づいて具体的に解決すべき課題を説明し、そのうえでいつ取り組むべきかを **PdMとともに考える** ことが理想です。

加えて、第2章でも述べたように、エンジニアは説明責任を果たすことでチーム内の**透明性を高める役割**を担っています。たとえ理由がきちんと説明されていても、エンジニア特有の専門用語や技術的な説明が原因で、PdMやPMがその内容を十分に理解していないケースが少なくありません。その結果、最終的に「エンジニア側が遅れると言っているから難しい」といったあいまいな説明が、上層部にレポートされることもあります。

これを避けるためには、相手が理解できる言葉で、かつ**欲しい情報を的確に伝える**ことが重要です。たとえば、工数やスケジュールの具体的な数値、影響範囲などを明確に示し、依頼者にとって理解しやすい形で説明することが求められます。また、必要に応じて、自分自身が直接ステークホルダーに説明する心構えを持ち、より深いレベルでのコミュニケーションを図る姿勢が大切です。

4.2 アイコンと音声で関係性を作る時代

関係性を作るうえで必要なのは会話の**情報量**であるという原点に立ち返ると、昨今、遠隔地（リモート）での開発が増加したことに伴い、情報量の不足が原因で関係性の恐怖が表出していることが見受けられます。

▶第 4 章 「間違った失敗」の背景にある「関係性の恐怖」

リモート環境下でのマネジメントの難しさは情報量の違い

　特に、チーム開発をマネジメントする立場の人にとっては、一緒にチームを組んでから一度も顔を合わせたことがないメンバーがいることも珍しくありません。そのような状況でZoomやDiscord、Microsoft Teamsなどを頻繁に使って作業を進める現場では、**アイコン**と**音声**のみで「その人かどうか」を認識している場合が多いのではないでしょうか。また、さらに情報量が少ない現場(たとえば、業務委託や副業メンバーが多い場合)では、アイコンとテキストのみでしか会話をしたことがないという人も多いでしょう。

　このような環境では、限られた情報の断片だけで関係性を築く必要があり、直接顔を合わせて話す機会が少ないため、アイコンや音声、テキストを通じて相手の個性を理解し、信頼関係を構築することが求められます(**図4-2-1**)。特にリーダーやマネージャーは、メンバーそれぞれから限られた情報から多くを読み取るスキルが必要になります。

　マネジメントコストを削減するために、単純に物理的な距離を近くして情報量を増やせばよいという意思決定に対しては、**少し疑問**が残ります。遠隔地での開発にも多くのメリットがあるためです。たとえば、物理的な

図4-2-1　コミュニケーションの情報量

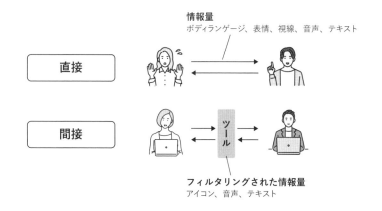

時間に拘束されないため出勤の概念がなくなり、タイムパフォーマンスが最適化されます。新しいメンバーの物理的な場所(椅子や机)も必要ではありませんし、オンライン会議の普及により、会話のコンテキストスイッチが容易になり、複数人が同時に集まって議論できるという利点も大きいです。

依然として、リモートワークの生産性がオフィス出社よりも高いかどうかに関しては、答えが出ていない企業が多いのも事実です。こうした状況を背景に、情報量や接点を増やすために企業ごとにさまざまな対策が取られています。シンプルに出社へ戻す企業もありますが、より多くの企業はオンラインミーティングでの顔出しを必須にする、新しいメンバーが入社した際にオンボーディングを兼ねて出社を促すなど、よりライトな形で対応しています。

とはいえ、完全出社に戻す企業は少なく、リモートワークに対応したマネジメントコストの変化への対応は避けられません。特に情報量が少ない状況では、**メンバーが何を考えているのかがわかりづらい**という問題は多くのマネージャーを苦しめています。たとえば、次のような問題がよく見られます。

- テキストベースのコミュニケーションが増えると、**ライティングスキル**によって言い方がキツくなり、ハレーションが生じやすい(実際に会話するとそうでもないことが多い)
- 顔が見えないため、メンバーの**メンタルコントロール**が難しくなる
- 会議での反応が薄く、**理解・納得**しているのかがわからない
- 無音のとき、深く考えているのか、ただ**黙っているのか**の区別がつかない

このような問題は枚挙にいとまがありません。特に、テキスト文化が加速したことで「テキストに残して記録しなければならない」「オープンな場所で議論を共有しなければならない」といった意識が過剰になりがちです。もちろん、記録や議論の透明性は重要ですが、それを免罪符にして直接的な会話を避けることは、チームの力を弱める結果になります。テキストで何往復もするより、直接会話して解決し、そのあとで会話ログを残せばよいのです。

テキストベースのコミュニケーションでは、**非言語的な手がかりが欠如**

▶第4章 「間違った失敗」の背景にある「関係性の恐怖」

しているため、メッセージの解釈が難しくなり、誤解や摩擦が生じやすいという問題があります。

また、「The Effects of Communication Modality on Performance and Self-Ratings of Teamwork Components」という論文では、対面・音声のみ・共有ツールでコミュニケーションなどを比較したときの実証データが見られます（**図4-2-2**）。

- コミュニケーション
- チームメンバーからのモニタリング
- フィードバック
- バックアップ（サポート）

という4つの観点で見たときに、音声のみは情報量として低いので数値が低く対策が必要になってきます。ほかの対面や共有ツールに関してはうまく使いこなせればそこまで差がないという結果になっています。

テキストベースでのコミュニケーションが中心になったときのデータはありませんが、音声のみというデータと情報量的には差異がないと思われるため、数値は低くなると推論できます。

図4-2-2　コミュニケーション方法による情報量の違い

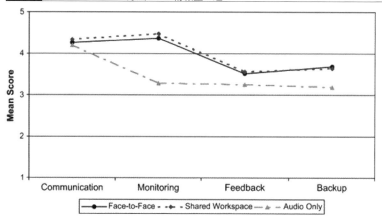

出典：「The Effects of Communication Modality on Performance and Self-Ratings of Teamwork Components」https://academic.oup.com/jcmc/article/11/2/557/4617733

「つながっているが孤独な関係性」に陥らないようにする

メンタルコントロールも、マネジメント業務をする人には難しい部分でしょうし、新しく入社したメンバーも孤独感という部分で関係性構築が難しくなっていることも事実でしょう。

「IT産業で働くシステムエンジニアがメンタルヘルス不調をきっかけに休職に至るまでのプロセス」(下山満理、櫻井しのぶ著)という論文では、メンタルが不調になったきっかけを「**つながっているが孤独な関係性**」と表しています。リモート環境で常に音声ツールなどで接続していても、部屋の中では孤独であったり、フィジカルとしてチームメンバーの存在を確認できなかったりすることを指します。

図4-2-3 メンタルヘルス不調の3つの時期

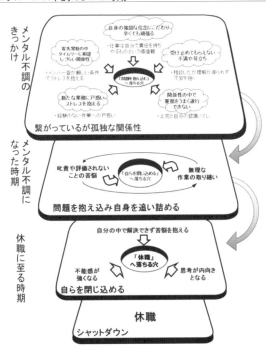

出典:「IT産業で働くシステムエンジニアがメンタルヘルス不調をきっかけに休職に至るまでのプロセス」
https://www.juntendo.ac.jp/assets/iryokangokenkyu14_1_03.pdf

第4章 「間違った失敗」の背景にある「関係性の恐怖」

　この論文は、20〜30歳代の男性SEで、うつ病エピソードで1ヵ月以上休職したあと復職した7名を対象とした調査に基づきます。IT産業で働くシステムエンジニアは、納期の時間的切迫や仕事の多さがもたらす残業や休日出勤、チーム内やユーザーの人間関係の問題、技術の急速な変化などからさまざまな**ストレッサー**が多いと指摘します。

　図4-2-3のように、「メンタル不調のきっかけ」「メンタル不調になった時期」「休職に至る時期」という3つの時期に分けたうえでさまざまな要因が複雑に絡みながら、特にメンタル不調になったきっかけを構造化していくと、チームの中で**表4-2-1**のような要因がストレスを高めていることがわかりました。

表4-2-1 メンタル不調になったきっかけ

上位カテゴリ	サブカテゴリ	コード
つながっているが孤独な関係性	客先常駐の中タイムリーに相談しづらい関係性	メンバー皆が厳しい条件でストレスを抱える
		周囲と会話不足の環境
		同僚とのつながりが希薄
		メンバー皆が多忙で相談しづらい環境
		上司の不在が多く相談できない環境
		指導がないと業務が進まない苦悩
		わからないことで悩み回らなくなる
	新たな業務に戸惑いストレスを抱える	経験のない作業への戸惑い
		大プロジェクトのリーダーを担い悩む
		久しぶりの業務ですぐ取り組めない苦悩
		納期に間に合わず先の不安を抱える
	関係性の中で業務をうまく遂行できない	上司と自分の認識のズレ
		上司と相性が合わず苦悩
		解らない作業の中顧客対応で苦悩
	受け止めてもらえない不満や苛立ち	相談したが理解が得られず不満を抱く
		怒られるのが嫌で報告ができない
		期待する応えが得られず苛立つ
		作業に対する矛盾を感じるが報われない現状
	自身の強固な信念にこだわりつらくても頑張る	仕事は自分で責任を持ちやるものという価値観
		負けず嫌いで周りに頼れない性格
		毎日極限までやるという思い
		納期が守れずSEのプライドが折れた
		自分の負の部分を表に出せない
		本音を相談できず自分を追い詰めた
		つらくても我慢しないといけないという思い
		仕事を一人で抱え込む

出典：「IT産業で働くシステムエンジニアがメンタルヘルス不調をきっかけに休職に至るまでのプロセス」
https://www.juntendo.ac.jp/assets/iryokangokenkyu14_1_03.pdf

これは、リモート環境におけるチーム開発の現場だと納得できる内容ではあります。サブカテゴリに当てはまってしまうと、特に新しくチームに参加したメンバーは関係性が作れず、孤独を感じやすくなります。その結果、メンタル不調になる傾向が高くなります。

これらのプロセスに陥らないためには、まず本人が問題に直面した際に解決に向けた行動を取れるよう、セルフケアを実践することです。

本人ではなく上司やチームメンバー側から歩調を合わせ、本音を話せる関係性を作ることです。上司が先に弱みや悩みを見せ、そういった雰囲気を作るのも大事でしょう。1on1や雑談を定期的に決まった場所に用意したり、オンボーディング期間はOJT（*On-the-Job Training*）と呼ばれる専任の教育担当をつけ、業務はもちろんチームと本人のコミュニケーションのハブとすることも大事です。

また、前述の論文でも共有ツールをうまく使いこなせば対面での業務遂行とそこまで大きく変わらずにパフォーマンスを出すことは可能と指摘されているため、**ツールの活用**と**コミュニケーションの場**を設計することが孤独な関係性を作らないコツです。

4.3 議論で黙って静かにしていることは合意ではない

ツールの活用とコミュニケーションの場を設計する中で、一番むずかしくなったのは、オンライン化によってアイコンと音声のみになった会議や1on1でしょう（図4-3-1）。発言する側からすると、どこに向けて話しているのかがわからなくなり、かつリアクションがない場合、不安に駆られ「つながっているが孤独な関係性」の状態に陥ります。

リモート環境では、黙っていることが**「合意」を意味しない**ことが多いです。むしろ、黙っていることは提案やアイデアが支持されていない、もしくは不満を持たれていると解釈されることがあります。一方、聞いている側は特に反論がない場合、**「合意」を示す**ために黙っていることが多いです。こうした対話の間に生じる沈黙が誤解を生む原因となりがちです。

森一貴氏の「チームで仕事をするなら、リアクションし続けよ」という記

▶ 第 4 章 「間違った失敗」の背景にある「関係性の恐怖」

図4-3-1 オンラインでの会議

事では、議論が前に進むのは、ふと場に出されたアイデアに対して、誰かが「それいいですね」って言った瞬間であるといい、逆にいえば議論において黙って静かにしていることは、実は透明になることではない、といっています。記事の中にもありますが、ティム・インゴルド氏の『応答、しつづけよ。』では「世界が切り分けられ、実体的に取り出されたとき、モノは死んでしまう。生きるとは、世界と応答しつづける過程そのものである。」とあります。

また、少人数の議論と大人数の議論には違いがあります。少人数の議論では、各メンバーが発言しやすく、意見の交換がスムーズに行われます。しかし、大人数になると、他人に意思決定を委ねる傾向が強くなり、自分の意見を発言しないことが多くなります。特にリモート環境では、この傾向が顕著に現れます。

こうした**発言の空虚**に対しての対策としては、対面であれば身体的なジェスチャ（うなずき）が視覚的にも有効ですが、会議ツール（Zoomなど）でもリアクションができます。

- 明確なフィードバックを促す
  会議の進行役は、具体的なフィードバックを求めるようにする。「この提案について、意見や疑問はありますか？」と尋ねることで、黙っている参加者に発言を促す
- ラウンドロビン形式を導入する
  全員が順番に意見を述べるラウンドロビン形式を採用することで、全員の意見を聞ける。これにより、黙っているだけの参加者からもフィードバックを得られる

- 非言語的なフィードバックを活用する
  チャット機能やリアクション機能（サムズアップ、拍手など）を活用して、簡単な非言語的フィードバックを提供できる。これにより、無言の時間を減らし、意見の共有を促進できる

　一方、こうした機能や対策方法があることは、みなさん知っていると思います。しかし、**人はなぜそうしたアクションをしないのか**という部分を振り下げていきたいと思います。

4.4 「他責思考」による傍観者効果が失敗を作る

　振り下げていくと、他責思考と自責思考が失敗を作るという話に移っていきます。ここまでは、自分と他者との関係性による恐怖から生まれる失敗について述べてきましたが、ここからは**自分自身のマインドが周りにどのような影響を与えるか**を考えます。

　議論で黙って静かにしていることの背景には、**多元的無知**（Pluralistic Ignorance）と呼ばれる現象があり、それに関連して**傍観者効果**（Bystander Effect）も考えられます。多元的無知とは、個々のメンバーがほかのメンバーの信念や態度を誤って認識している状況を指します。つまり、本当は誰もそう思っていないのに「みんながそう望んでいる」と信じ込んでしまう現象です。この結果、個々の人々が実際には同じ意見や感情を共有しているにもかかわらず、ほかのメンバーが異なる意見を持っていると誤解し、自分の意見を言わなくなるという状態が生まれます。

　有名な多元的無知の例としては、童話の「**裸の王様**」が挙げられます。王様は新しい服を着ていると思い込んでいますが、実際には何も着ていないことを誰も指摘できないという物語です。この物語では、王様も家臣たちも、本当は服が見えていないのに「自分だけが見えていないのかもしれない」「ほかの人は見えているに違いない」と誤解を抱いています。全員が疑念を持っているにもかかわらず、ほかの人が何も言わないため、誰も真実を口にしない状況が続いてしまいます。これはまさに「多元的無知」の典型例といえるでしょう。

第4章 「間違った失敗」の背景にある「関係性の恐怖」

　また、この現象は現代の職場や組織でも見られます。空気を読んでほかの意見に同調したほうが得策だと考え、多数派の意見に従ってしまうことで、実は多くの人が本来は受け入れていなかったはずの意見が表向きの多数派として定着してしまいます。このような状況では、集団の決定や行動に大きな影響を及ぼし、間違った方向に進んでしまうことが少なくありません。

　私たちの身近な多元的無知の例も見ていきましょう。

- チームでの意見表明
    - チームでの会議で、あるアイデアについて実際には多くの人が懐疑的であるにもかかわらず、その場で反対意見が出ないとほかのメンバーがそのアイデアを支持していると誤解し、誰も反対意見を述べない
    - 夏休みの休暇予定を決めるときに、実はみんな休みたいと思っているのに、誰も申し出ないので結果として全員が休まない
    - 残業が常態化している職場で、業務量が多い上司が帰らずに残業しているのを見て「まだ私も帰るべきではない」とチームメンバーが思っている
- チーム開発での進捗
    - プロジェクトの進捗状況が明らかに危機的であるにもかかわらず、メンバー全員が「ほかの人は問題ないと思っているのだろう」と考え、本当は不安や疑念を抱いているのに口に出さない
- 教育現場での質問
    - 授業中に自分が理解していないことが出てくると、ほかの学生は皆理解していると思い込んでしまう。結果として、誰も質問をせず、全員が同じ疑問を持ちながらもそれを表明しない
- 社会的コミュニケーションの場面
    - パーティーや飲み会で、実際には誰もが飲みたくないと思っているのにほかの人たちが飲みたがっていると誤解し、全員が飲酒を続ける

多元的無知と傍観者効果の関連性。そして他責思考なチームへ

　こうした多元的無知は、**傍観者効果**とも深く関連しています。傍観者効果とは、ほかの人々が行動しないのを見て、自分も行動を起こさないという現象です。この効果は、周囲に多くの人がいればいるほど顕著になります。人数が増えるほど「ほかの誰かが対応するだろう」という思い込みが強くなり、自分が率先して行動するハードルが高くなるためです。

多元的無知という心理的メカニズムが、傍観者効果を引き起こす要因となります。集団の中で**お互いに何を考えているのかが見えにくい状況**では、誰もが「ほかの人は問題ないと思っているだろう」と誤認し、結果として誰も行動を起こさない事態に陥りやすくなります。これは、本章のテーマである**リモート環境の増加**によって生まれる関係性の恐怖とも深く関連します。

緊急事態が発生した際に、周囲の人々がほかの人の反応を見て何も行動しない場合、自分も「ほかの人が問題を解決するだろう」と考え、結果的に行動をしないという経験は多くの人にあるでしょう。これをソフトウェア開発の現場に置き換えると、たとえばシステム障害が発生しているにもかかわらず、Slackなどのチャットで誰も反応しないのを見て「自分も対応する必要はない」と判断してしまう状況です。実際には、メンバー全員がお互いにお見合いしているだけで、硬直しているケースが多いのです。「ほかのメンバーが対処しているだろう」と思い込むことで、自分の役割を放棄してしまうのです。これにより、個々の責任感が欠如し、チーム全体のパフォーマンスが低下するという危険な状況が生まれます。

ほかにも、エンジニアリングの世界において多元的無知によって傍観者となってしまう例を**表4-4-1**に示します。

表4-4-1 エンジニアリングにおける多元的無知

シチュエーション	多元的無知の例
コードレビュー	エンジニアリングチームでコードレビューを行う際、自分よりもほかの人のほうがレビュースキルが高いと思い込んだり（傍観者効果であり他責思考）、ほかのメンバーがすでにレビューをしていると思い込み、自分の意見を表明しない
技術選定の会議	新しい技術スタックを採用するかどうかの会議で、多くのメンバーが新技術に懐疑的であるにもかかわらず、ひとりの声が大きいメンバーが支持したことによって異議を唱えないことがある。結果として、全員が不安を抱えたまま決定されてしまう
開発プロジェクトのデッドライン	チーム全体がプロジェクトのデッドラインに対して不安を感じているが、ほかのメンバーが楽観的に見ていると思い込み、不安を共有しない

第4章 「間違った失敗」の背景にある「関係性の恐怖」

■他責思考なチームのできあがり

　もう少し論理を発展させていくと、こうした多元的無知による傍観者効果は、個々のメンバーが**ほかのメンバーの信念や態度を誤って認識し、自身は傍観し続ける状態**につながります。こうした傍観者が多い個の集まりは、当事者意識が生まれにくく**他責思考ばかりなチーム**になります（**図4-4-1**）。

図4-4-1 傍観者効果から生まれる他責思考なチーム

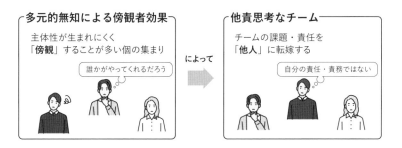

表4-4-2 他責思考による失敗

影響	具体例
他責思考が広がると**責任の所在が不明確になる**	プロジェクトの遅延時に各メンバーが他責思考になり、当事者意識がないことで遅延の原因が明確にならず、根本的な対策が取れなくなる
他責思考に陥ると**自己効力感の低下**につながる	自分の能力や影響力に対する信頼感（自己効力感）が低下していく。バグが発見された際「自分の担当部分ではない」としてほかの開発者に責任を押し付けることでバグの修正が遅れ、最終的な製品の品質が低下する
他責思考の影響で**オープンなコミュニケーションの欠如**が起こる	問題が発生した際に情報が迅速に共有されず、協力して解決する文化が育たなくなる。第2章で見たプロジェクトの進捗や問題点がオープンに共有されないことで隠された失敗が起こり、連携が阻害される
他責思考が蔓延すると**未熟で不安定なフィードバック**が起こる	他責思考によって各メンバーが自分の行動に対するフィードバックを受ける機会が少なくなる。これにより自己効力感（信頼感）が高まらず、他責思考が減少していかない悪循環に入る
リーダーが他責思考に陥るとチームは崩壊する	リーダーが、問題が起きても他人や他チーム非難することが多く、その姿を見てチームメンバーも同様の行動を取ったり、チームに絶望感をもつメンバーも生まれてくる。組織全体のそのチームに対する信頼関係が損なわれる。問題が発生してもリーダーがほかのメンバーや他チームに責任を転嫁することで、そのチームが成長していかない

4.4 「他責思考」による傍観者効果が失敗を作る

　自分の行動や結果に対する責任を**他人に転嫁する思考パターン**が多くなり、誰もがチームの課題を理解しているにもかかわらず「誰かがやってくれるだろう」「それをやるのはリーダーの仕事だ」「自分は忙しいので忙しくない人がやるべきだ」といったように**責任を自分で取らなくなります**。また、こうした課題に対してひとり声を上げてくれる人を卑下する雰囲気を作り出すことにもつながり、「私はがんばっているのになんで誰もやってくれないんだ」と自分と周りの差にストレスを抱えるメンバーも出てきます。
　こうした他責思考が蔓延することで、組織やチームは多くの問題に直面しながらも、解決が困難になります。多元的無知や傍観者効果は他責思考の具体的な表れの一部ですが、他責思考による失敗は、さまざまな要因によって影響を受けるのです（**表4-4-2**）。
　こうした他責思考が根源となって、認知の差異（認知バイアス）が生まれ主語が大きくなったり、「**ほかの人がやってくれる／やるべきだ**」思考が強くなったりすると身動きができない人が多くなります。これは組織にとっては悪循環でしょう。

圧倒的当事者意識で他責思考から抜け出す

　他責思考を打破するためにはどうすればよいでしょうか。端的にいえば、**圧倒的当事者意識**をメンバーに持たせることが重要です。各メンバーに責任を持たせ、あらゆる意思決定に関与する機会を与え、それを彼ら自身が望む状態を作ることが求められます。当事者意識とは、物事に対して「自分の責任である」「自分が解決すべきだ」ととらえ、主体的に取り組もうとする意識を指します。全員が同じ権限を持って意思決定ができるわけではありませんが、良いソフトウェアを作るためには、個々がプロダクトの全体像を深く理解する必要があるのも事実です。
　他責思考の原因は、個人の性格や性質に起因すると考えられがちですが、実際には環境による影響が大きいです。たとえば、20名の開発チームの一員として働く場合と、3名の少人数チームでプロジェクトを運営する場合では、同じ人であっても取り組み方や熱意は大きく異なります。
　少人数チームでは、個々のメンバーがプロジェクトの全体像を把握し、責任感を持って動く機会が多くなります。各自が「自分ごと」としてプロジ

ェクトに向き合うことで、**当事者意識**が自然と芽生えやすくなります。一方で、大人数のチームでは役割分担が細かくなり、メンバーが自分の担当範囲にのみ集中し、プロダクトの問題解決や全体の進捗に関与しない傾向が強まります。その結果、全体への責任感が薄れ、他責的な思考が生まれやすくなります。

さらに、意思決定においても時間効率を重視して限られたメンバーだけで行い、結論だけをほかのメンバーに共有するという状況が多くなります。このような状況では、ほかのメンバーが受動的に開発に関わることになり、当事者意識が徐々に薄れていきます。メンバー全員がプロジェクトの成功に対して責任を持ち、積極的に関与することが、チーム全体のパフォーマンスを向上させるためには不可欠です。

こうした状態を防ぐために、圧倒的当事者意識を作るには以下の3つを意識します。

- 情報の透明性（アクセス性）を極限まで上げる
- 責任と権限をチーム内で分割して、適切な範囲でオーナーシップを持たせる
- 境界マネジメントを行う

順に説明します。

■ 情報の透明性（アクセス性）を極限まで上げる

まず、**情報の透明性を高める**ことが重要です。チーム全体がプロジェクトの進捗状況、意思決定の流れ、課題、リスクなどに関する情報にアクセスできる状態を作ることで、各メンバーが自分の役割を超えてプロダクト全体に対して責任を感じやすくなります。特に意思決定については前述のように**限られたメンバーだけで議論が行われ**、結果のみがほかのメンバーに伝わる状況では、圧倒的な当事者意識は生まれません。

情報が限られたメンバーだけに伝わる状態では、ほかのメンバーは意思決定に関与できず、結果として受動的な姿勢が生まれてしまいます。情報共有ツールや定期的なオープンな会議を通じて、誰もが自分の役割を超えて全体像を把握できる環境を整えることが求められます。

■責任と権限をチーム内で分割して、適切な範囲でオーナーシップを持たせる

次に、**責任と権限を適切に分割すること**が重要です。チーム全体で大きな目標を共有することは不可欠ですが、実際の業務においては、各メンバーやチームがそれぞれのモジュールや機能に対して明確な責任を持つことで当事者意識が高まります。スモールチームでの開発によって、各チームが自分たちのプロダクトに対する意思決定を行う機会を増やし、そのプロセスで自律的に行動できる環境を作ります。

こうしたアプローチは、第3章で見たマイクロサービスやコンウェイの法則とも深く関連します。マイクロサービスを導入することで、システム全体を小さな単位に分割し、それぞれの単位が独立して開発・運用されるようになるため、各チームは自分たちが担当するモジュールやサービスに対してオーナーシップを持てます。人間の認知できる範囲には限界があるため、システムを適切にモジュールに分割し、小規模なチームで効率よく開発を進めることが求められます。

さらに、責任範囲が明確であることによって、各チームが主体的に課題を発見し、迅速に対応できます。大規模なチームでは課題の発見や解決が遅れることが多くありますが、小規模で明確な責任分担がある場合、問題の早期発見と迅速な意思決定が行えるため、全体のスピードと品質が向上します。これにより、組織全体としてのアジリティが増し、継続的な改善や適応が可能となるのです。

■境界マネジメントを行う

最後に、情報の透明性を高めチームを分割していくと、**境界マネジメント**の問題が浮上します。境界マネジメントとは、組織を小さくしていくことで必ず生じる「見落とされる領域」をどう管理するかを指します。小規模なチームにオーナーシップを持たせると、「誰がこの課題を解決すべきか」があいまいになることがあるのです。この現象は、「MECE(漏れなく、重複なく)」を完全に実現する難しさとしても知られています。

理想的なのは、分担がボロノイ図(**図4-4-2**左)のようにきっちりと区切られ、組織の各チームやメンバーが責任範囲を明確に持っている状態ですが、現実の組織は必ずしも完全に区切られているわけではありません。特に、複数のクラスタ(チーム)に属したり、互いに関心を持って課題解決に

第 4 章 「間違った失敗」の背景にある「関係性の恐怖」

図4-4-2 境界マネジメント

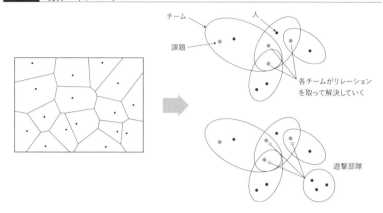

取り組む体制が求められる場面が多々あります。

遊撃部隊の設置という方法もあります。境界があいまいな領域をカバーするための遊撃部隊は、ジェネラリスト的な思考を持ち、多様な領域の課題解決ができる柔軟性が求められるのが特徴です。遊撃部隊が各チームを補完する役割を果たすことで、責任範囲外の問題にも対応できる体制が整い、組織全体の一貫性が保たれます。

いずれの方法を選ぶにせよ、境界マネジメントのポイントは、各チームやメンバーが明確な責任範囲を持ちながらも、その範囲を超えた領域にも柔軟に対応できる体制を組織として作ることです。チーム間での連携と協力を促進し、誰もが責任範囲外の問題にも関心を持てる環境を整えることが、他責的な思考を防ぐための鍵です。

4.5 逆に「自責思考」も失敗を作る

一方で、他責思考の逆に位置する**自責思考であること**が、すべての失敗を防ぐわけでもありません。

たとえば、エンジニアのフェーズとして、うまく「**任せるコツ**」をつかまなければいけない時期が来ます。すべての問題を自責思考で自分で抱え込

むと自分自身がボトルネックになり、かつ属人化していくので、周りのメンバーからは「**信頼されていないんじゃないか**」という疑問をもたれます。

「任せられない」という呪縛
──新卒3年目でリーダーになったとき

新卒でエンジニアとして入社してから3年が経ち、一人前として活躍するようになったメンバーが自然とチームをリードする役割を担い、チームリーダーとしての責務を持つことはよくあることです。その際、自らもまだプレイヤーでありたいという思いからプレイングマネージャーの動きをすることが多いでしょう。普段のソフトウェアエンジニアの仕事に加えて、メンバーへのタスクの割り振りや評価、1on1の実施といった時間的な拘束も追加されてきます。

今までは主にソフトウェアについて考えていたのが、突然、**人に関する業務**が加わります。

■プレイヤーとマネージャーでの組織貢献の違いに困惑する

エンジニアとして経験を積んできたリーダー職の多くは、プレイヤーとしてソフトウェアを作るプロであっても、チームでソフトウェアを作るプロではありません。

そのため、1on1の方法や評価のしかたを体系的に知らず、感覚的なアプローチに陥りがちです。感覚的に行っていると、リーダーによっては1on1で会話が途切れ、「**話すことがありません**」という状態に陥るメンバーも多く見られます。また、目標設定においても、自分自身の経験や成功体験に頼った生存者バイアスによって視野が狭まりがちです。自分よりも年齢が高いメンバーや経験が豊富なメンバーがいる場合は、さらにこの傾向が強まるでしょう。

また、「自分でやったほうが早い」というプレイヤー気質な思いを捨て、メンバー育成のために案件のアサインメントも考えなければなりません。

人は、自分が苦痛に感じることに多くの時間を割かれると徐々に疲弊し、「本当に自分がやりたいことは何だろう」とキャリアに対して悩み始めます。さらに、以下のような組織内でのコミュニケーション問題に直面することも多くなります。

▶第4章 「間違った失敗」の背景にある「関係性の恐怖」

- 自分が思い描くようにチームが動かない
- そもそも自分がどうしたいかも明確でない
- 伝えたことがチームメンバー全員に正確に伝わらない

　こうした状況に陥ると、マイクロマネジメントのようにメンバー一人一人に対する細かい指示が増え、結果的にリーダー自身が疲弊することもよくあります。メンバーが「どの部分を聞き逃し、どのように都合よく解釈し、どこで誤解し、忘れるのか」を理解したうえでマネジメントしていく必要があります。

　特に、自責思考が強いリーダーは「自分がどうにかしなければならない」という先入観を持つため、自然と**エンジニアとしてのプレイヤーの時間が減っていき**、1on1やメンバーのサポートなどによって物理的な拘束時間も増えていきます。結果的に、スケジュールが**図4-5-1**の左から右に移行することで、フロー状態(集中できる時間)を失うことになります。

　これに加えて、常時Slackで案件の相談といったチームへの窓口になることも多くなり、**見えないタスク**が多くなります。ますます過去のエンジニアとしての成功体験と照らし合わせて苦しい状況が進みます。

　さらに、リーダーという職種は組織図上は管理監督者(部長や役員)では

図4-5-1　フロー状態の減少

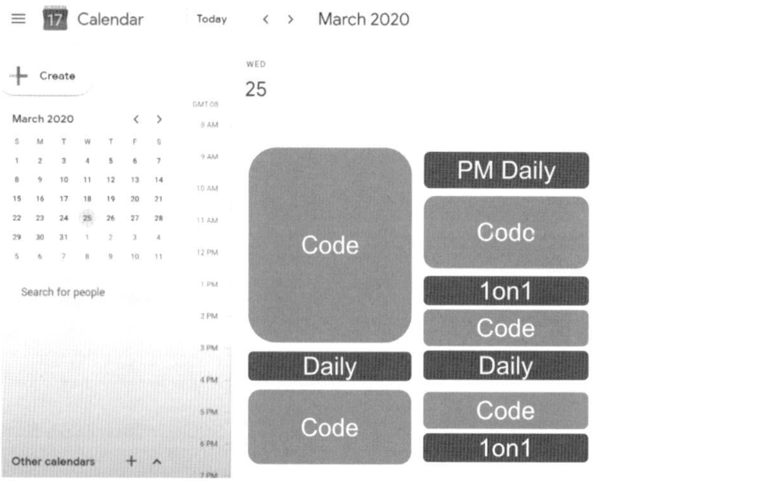

ないことが多いため、裁量と権限がそこまで大きくないでしょう。そもそもリーダー業務の内容が定義されていないことも相まって、不安定なレイヤとなることが多いでしょう。

■自己組織化したチームを目指す

実際に、私が所属している合同会社DMM.comのクリエイター組織約1,000名について、役職者ごとに使っている工数を分類別に観測してみると、過去半年間のスナップショットでは以下のことがわかります（**図4-5-2**）。

- メンバーからチームリーダーへ役職が上がると、会議の量が倍になる（例：8%→14%）
- チームリーダーはプレイングマネージャーの人が多く、会議や採用・管理業務と開発業務の比率が50%：50%になる
- マネージャーや部長は管理業務への投入工数が大きくなり、プレイヤーをすることが減ってくる

こうした背景から、組織内での裁量や権限に積極的で役職をどんどん上げたいと考える人や、人に対する関心が強くピープルマネジメントの重要性を理解しているメンバー（エンジニア歴が長くなるとエンジニアリングマ

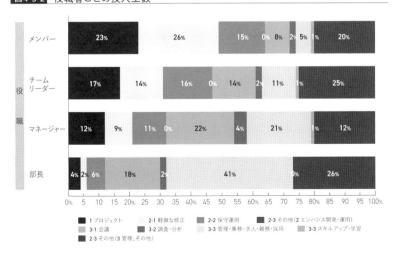

図4-5-2 役職者ごとの投入工数

第4章 「間違った失敗」の背景にある「関係性の恐怖」

ネジメントの必要性を痛感して興味を持ち始める人が多い)でないと、リーダーとしての活躍が難しい状況があるでしょう。「**管理職が罰ゲーム**」と揶揄される背景にもこうした現状があり、特にエンジニアでは、管理職にならずにソフトウェアエンジニアとしてキャリアを重ねるIC(*Individual Contributor*)という道を選ぶ人も増えてきました。

マネジメントの基本は、目指す未来を実現するために、自分とチームメンバーのリソースをどこに置くべきかを考えることです。その中で、マネジメントが上手な人が率いる組織には、**自己組織化**が進んでいる特徴が見られます。自己組織化とは、リーダーが何も指示をしなくてもメンバーが自発的に同じ目的に向かって動く状態です。リーダーが「1」を言えば「10」のことを理解できるメンバーがそろっているともいえるでしょう。この状態ではリーダー自身に余裕が生まれ、さらに自分が手を動かしてプロダクトに貢献したほうがよい場合はプレイヤーとしての業務に取り組むことも可能です。

仕事の基本は、常にスキルを向上させながら、これまで8時間かかっていた作業を3時間で終わらせる力を付け、その結果生まれる5時間の余力(バッファ)を使って「視座・視野・視点」を広げ、より大きな責務に挑戦することです。この積み重ねが成長を実感させます。

■マネジメントを極めれば、マネジメントしなくてよくなる

こうした関係性の中で、自責思考に陥りがちな若手リーダーが失敗するのを防ぐには、逆に**マネジメントに大きなリソースを割かないために、マネジメントスキルを極める**というアプローチが有効です。

ソフトウェア開発の現場におけるマネジメントは以下の4種類です。

- プロダクトマネジメント
  プロダクトの戦略(方向)、戦術(施策)、ロードマップ(時期)の策定を担当する。顧客のニーズを理解し、市場調査を行い、製品の仕様を定義し、優先順位を付ける。事業やプロダクト全体のライフサイクル全体を管理し、成功する製品を作り上げるためのビジョンを提供する。また、ステークホルダーとのコミュニケーションを通じて、製品の方向性を調整する
- プロジェクトマネジメント
  特定のプロジェクトの計画、実行、監視、コントロール、完了を管理する。プロジ

4.5 逆に「自責思考」も失敗を作る

ェクトのスコープ、スケジュール、予算、リソース、リスクを管理し、プロジェクトが予定どおりに進行し、目標を達成することを確実にする。タスクの割り当てや進捗の追跡、問題の解決に責任を持ち、チームを指導してプロジェクトの成功を導く

- ピープルマネジメント

  チームメンバーの採用、育成、評価、モチベーションの管理を担当する。チームメンバーのモチベーションコントロールやキャリアパスを支援し、スキルの向上やエンジニアとしての満足度の向上を目指す。目標設定や1on1を実施し、フィードバックセッションを通じて個々のメンバーのパフォーマンスを評価し、成長の機会を提供する

- テックマネジメント

  技術的な戦略とリソースの管理を担当する。アーキテクチャ設計や技術スタックの選定、コード品質の確保、技術的な課題の解決に責任を持ち、プロダクトの継続的な成長を技術的アプローチで支援する。エンジニアと緊密に連携し、最適な技術ソリューションを提供することで、プロジェクトの成功を支援する。また、最新の技術トレンドを把握し、組織の技術的な競争力を維持するための取り組みを行う

それぞれのマネジメントは異なる側面に焦点を当てていますが、ソフトウェア開発の成功にはすべてが重要です。これらのマネジメントがうまく機能することで、製品の品質向上、プロジェクトの成功、チームの成長、技術的な優位性を実現できます。

この中で、若手リーダーが**自責思考に陥りやすく、極めるべきなのは「ピープルマネジメント」**でしょう。

それ以外の3つのマネジメントはプレイヤー時代にも一部の役割を担っていることがありますが、ピープルマネジメントだけは十分に経験を積んでいない状態で任されることが多いです。

試行錯誤しながらもピープルマネジメントを極めた先には、自責思考による「自分がやったほうが早い」「マイクロマネジメントしないとチームが思いどおりに動かない」という状態から脱却し、**メンバーに頼り、相手を信じて任せる**ことでチームが楽になり、自分が楽になる未来が待っています。

そのためには**間違った自責思考からの脱却**が必要です。

自責には、自己叱責と自己責任がある

　自責思考には大きく2種類があります。一つは自分を**叱責**する意味での自責思考、もう一つは、自分の行動や結果に対して**責任**を持つ意味での自責思考です。これらは似たように見えますが、心理的な影響や行動において異なる結果を生む可能性があります。

■自己叱責

　まず、自己叱責としての自責思考について考えてみましょう。これは、物事がうまくいかないときや失敗したときにすべての原因を自分に求める傾向がある状態です。「自分が悪い」「自分はダメだ」という自己否定的な感情を伴いやすく、ネガティブなメンタル状態に陥りやすくなります。この思考は自己評価を低下させ、自己肯定感を失わせるため、やる気や活力も減少してしまいます。結果的に、個人の成長を妨げるだけでなく、長期的には精神的な健康にも悪影響を及ぼしかねません。

　すべての出来事を自分のせいだと思い込むのはやめましょう。たとえば雨が降っていても自分のせいと思わないのと同じで、全部自責思考でもいけません。

■自己責任

　一方で、自己責任としての自責思考は、自分の行動に対して覚悟を持って取り組む姿勢です。この場合、失敗や問題が発生しても「なぜ起こったのか」を冷静に分析し、客観的に原因をとらえます。ここには過度なネガティブ感情がほとんど伴わず、冷静、かつ建設的な視点で物事に臨む姿勢がはぐくまれます。

　自己責任的な自責思考を持つことで、失敗を単なる挫折とせず、**興味深い改善のための学習機会**としてとらえることが可能になります。過度な感情を挟まないため、自分の行動や決断を適切に振り返り、必要に応じて修正を加えられるようになり、長期的な成長と成功に結び付きやすくなります。

　リーダーとしての一歩目は、自己叱責の自責思考から抜け出し、自己責

任としての自責思考を身に付けることです。業務を進める際には、課題が生じた場合にそれをチーム全体の課題として共有し、解決策をメンバーに任せることで、メンバーの成長とチーム力の向上を図れます。結果として、自分自身もやりたいことに集中できる環境が整い、成長への道筋がより見えやすくなるでしょう。

4.6 間違った目標設定と評価制度が失敗を作る

　関係性の失敗の一例として、**目標設定と評価制度が失敗を生む**話に触れたいと思います。エンジニアとして、次のような評価制度の問題を感じたことがある方も多いでしょう。

- 評価期間になると、評価者に対して一生懸命自分がやったことをまとめる作業時間を作り、**開発する時間が減っていく**
- エンジニアとして事業への定量的な数値を求められるが、無理な定量化になり、**辻褄が合わなくなる**
- 事業目標とエンジニアとしての目標がつながらないので定性的な目標になりがちだが、それだと評価されにくい
- 毎回、目標を設定するのが期の終わりになり、評価の時期は成果確認で終わる
- 良い評価をもらってもさほど査定結果が良くなく、**ロジックが不透明に感じる**
- フィードバックの中身が薄く、完了したものが少ないので**自己達成感もない**
- 総じて、**何のために目標設定をしているのかがわからない**

　こうした課題は多くの企業に共通しています。目標設定を適切に行い、その評価とフィードバックを通じて達成感と課題感を次につなげ、メンバーのモチベーションを向上させるプロセスは、非常に難易度の高いマネジメント業務の一つです。

　目標設定と評価が**給与**に深く関わるため無下にはできないと感じ、「この時間を開発にあてたほうがよいのに……」と思いながら目標設定と達成度のモニタリングに時間を割くエンジニアも多くいます。結果的に、**評価システムが余分な時間と思考負荷を生み、ソフトウェア開発の集中時間を邪魔**

第4章 「間違った失敗」の背景にある「関係性の恐怖」

し、関係性を悪化させ、モチベーション低下を招くことが少なくありません。

目標設定・評価制度をうまく組織の中で活用できなければ、**評価システムが余分な時間や思考を作っていきます**。ソフトウェア開発の時間を邪魔し（フロー状態をなくし）、関係性を悪化させ、モチベーションを下げていきます。

■目標設定は予測ではない

『急成長を導くマネージャーの型——地位・権力が通用しない時代の"イーブン"なマネジメント』（長村禎庸著）には「**目標設定は予測ではない**」と述べられています。

つまり、推論や事業KPI、市場分析からブレークダウンして起こす**事業的な売上数値の目標**の類いとは、設定のしかたも目的も違うのです。本来、目標設定というのはメンバーやチームがその目標を目指すことで、**モチベーションが上がり、能力を最大限引き上げるため**のものです。そのために個人はどういった振る舞いをするべきで、その期が終わったあとに「**自分はどんな成長をしていて、どんな状態になっているのか**」にワクワクできることです。

つまり、目標の正確性もいりません。そして極論、**上長や会社から評価されるためでもありません**。数値（査定額）はあとからついてきます。無理に事業目標と個人目標を近接しすぎると、結果としてほかの要因により個人目標も達成できなくなることもあります。上長や会社が求めていることだけを目標にしても個人が必ずしもワクワクできるとは限らず、モチベーション的にも目標達成が難しくなったり、達成したとしても成長曲線が上がるとは限りません。

必要なのは、目標が達成することで**成長曲線**が正しく上がっていることを意識することです。評価・起案するマネージャーには、メンバーが目標を達成することで成長曲線の角度が上がっていくことを期待・予見し、それが結果として事業成果につながっていくようなコンバーター的思考が求められます。

基本的にエンジニアは年々成長幅が鈍化していきます（**図4-6-1**）。エンジニアに成り立てのころはいろいろな技術スキルが足りず、吸収すること

4.6 間違った目標設定と評価制度が失敗を作る

図4-6-1 目標設定と成長曲線

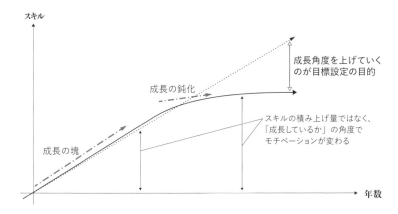

が多いため、成長角度は高くモチベーションも高いです。しかし、エンジニアとしての武器が増えてくると、それを使って何をするべきかという活用フェーズになるため、伸ばす方向性を悩んだり、鈍化していることによってモチベーションのエンジンがかかりにくかったりすることも多いです。

そこを補完するための「目標設定」です。目標を達成することで、エンジニアとして**成長しているという実感のエンジンを作り**、それがプロダクトや組織の**価値につながっていること**がモチベーションとなり、結果として組織への帰属意識にもつながってきます。人は自分のスキル量に満足するのではなく、「より多くの成長を自分はしているか」「数年後にできていそうか」という点にモチベーションを持ちます。

一方、こういった実感がなければ、**成長できない環境という認識**(人によっては成長できる環境にもかかわらず)をもち、離職にもつながってくるでしょう。それほどまでに目標設定に紐付く評価制度は重要であり、失敗を防ぐ根源的な人的資源の支えとなります。

最後に一つ付け加えます。成長しているかどうかは自分自身で気付くことは難しく、**他者からの意見**によって自身の成長箇所を発見することが多くあります。そういった意味でも目標設定とフィードバックは重要な役割を示します。

「成長したいすべての人へ　DMM.comのVPoEが語る、「成長」に必要なマインドと実践すべきこと」では、以下のように述べられています。

▶第 4 章 「間違った失敗」の背景にある「関係性の恐怖」

　成長に気付くのは、本人が一番最後。ほとんどの場合、周りが先に気付き始めるのですが、そのときに自覚はなく、しばらく経ったあと、たとえば次のプロジェクトを始めてみてから気付くことになるのです。ここでも他者から意見を聞ける環境があれば、自覚がなくとも「周りから見て成長していると思うよ」といった声をもらえるため、くじけそうになっても頑張ろうと思えるのではないでしょうか。他者との関係というのは、どこまでいっても大切ですね。

出典：「成長したいすべての人へ　DMM.comのVPoEが語る、「成長」に必要なマインドと実践すべきこと」https://creatorzine.jp/article/detail/5275?p=2

4.6 間違った目標設定と評価制度が失敗を作る

第4章 まとめ

- 関係性の恐怖によって、間違った失敗、特に「隠された失敗」が起こる
- 予兆としては、エンジニアの「できない」という言葉の説明が足りない状態になったら危険
- リモート環境が中心になり、「つながっているが孤独な関係性」によって関係性の恐怖が助長される
- 多元的効果から見えてくる傍観者効果によって他責思考になる
- 関係性の恐怖によって、抱え込むリーダーが自責思考になる失敗が生まれる
- 目標設定は予測ではなく、成長実感を作り、モチベーションを上げるもの

参考文献

- Thomas D. Fletcher, Debra A. Major「The Effects of Communication Modality on Performance and Self-Ratings of Teamwork Components」https://academic.oup.com/jcmc/article/11/2/557/4617733
- 下山満理、櫻井しのぶ「IT産業で働くシステムエンジニアがメンタルヘルス不調をきっかけに休職に至るまでのプロセス」https://www.juntendo.ac.jp/assets/iryokangokenkyu14_1_03.pdf
- 森一貴「チームで仕事をするなら、リアクションし続けよ」https://note.com/dutoit6/n/ned66041f43ff
- ティム・インゴルド著／奥野克巳訳『応答、しつづけよ。』亜紀書房、2023年
- 長村禎庸著『急成長を導くマネージャーの型――地位・権力が通用しない時代の"イーブン"なマネジメント』技術評論社、2021年
- 合同会社DMM.com VPoE室「成長したいすべての人へ　DMM.comのVPoEが語る、「成長」に必要なマインドと実践すべきこと」https://creatorzine.jp/article/detail/5275?p=2

第 5 章

構造を動かす
「恐怖」と向き合う技術①

第 5 章 構造を動かす——「恐怖」と向き合う技術❶

　ここからは失敗を作る恐怖と立ち向かう技術について、本章を含む3つの章(第5章「構造を動かす」、第6章「文化を醸成する」、第7章「プロセスを作る」)で説明していきます。第2章で述べた「間違った失敗」から「正しい失敗」への変換を実現し、第4章で述べた間違った失敗を作る根源的な「関係性の恐怖」を乗り越えていきます。

5.1 「構造」「文化」「プロセス」で「失敗を生む恐怖」に立ち向かう

　失敗と向き合い、改善する組織を作っていくために、マネージャーなど組織を動かす権限があるメンバーができることは何でしょうか。それは、**構造を動かし、文化を醸成し、プロセスを作り上げる**ことです(**図5-1-1**)。

　失敗と向き合い、改善する組織を作るためには、組織を動かす権限を持つメンバーがこの3つを操作しながら、組織全体のケイパビリティと持続可能な付加価値生産性を向上させていきます。

図5-1-1 マネージャーができること

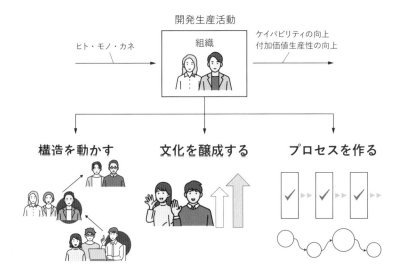

構造を動かす

まず、チームの構造を適切な組織パターンに合わせて変えていくことで、柔軟な意思決定と情報の流れ（フォース）を作り出します。

適切な構造がない場合、役割や責任が不明瞭になり、情報の流れが滞りやすく、意思決定の遅延やタスクの重複・漏れが発生するリスクが高まります。構造を整えることで、各メンバーが自分の役割と責任を明確に理解し行動しやすくなり、情報共有がスムーズになり、迅速な意思決定が可能になります。

文化を醸成する

構造を整えるだけでなく、構造内で活動するメンバーのマインドセットを変えることも重要です。

失敗を恐れずに挑戦する文化がなければ、組織の成長は滞ります。社会心理的な「認知的不協和」（失敗を認めたくない感情）や「確証バイアス」（自分の見解を支持する情報のみを求める思考）が蔓延し、組織全体の競争力が低下する可能性があります。失敗を恐れない文化を醸成することで、組織のエンゲージメントを高め、挑戦的な取り組みが浸透する土壌を作ります。

具体的には、組織の集合知を作るための「知の体系」を、SECIモデルや戦略的Unlearnの概念を活用しながら構築します。これを評価や育成のしくみに流し込み、組織全体の挑戦文化を強固にします。文化の醸成については第6章で詳しく取り上げます。

プロセスを作る

最後に、整った構造と文化の中で、失敗から学べるプロセスを確立することが欠かせません。Rob Pike氏の「推測するな、計測せよ」という言葉にあるように、現代の技術革新とDXの流れにより、あらゆるプロセスがデータ化され計測可能になりました。特に「失敗」は隠しがちな事象ですが、プロセスを整え、ブラックボックス化せずに数値をハックしないしくみを

第5章 構造を動かす——「恐怖」と向き合う技術 ❶

整えることで、体系的な記録と学習が可能になります。

失敗のプロセスが透明化されていないと、推測に基づく意思決定が増え、同じ失敗を繰り返すリスクが高まります。明確なフィードバックプロセスの存在は、メンバーが自身のパフォーマンスや改善点を正確に理解するための大きな助けとなります。このプロセスに関しては第7章で詳しく取り上げます。

こうした3つの領域を基盤に、組織の意思決定を担うメンバーが失敗と向き合い、改善文化の根付いた強固な組織を作っていきます。

模範解答の再現ではなく、失敗からアップデートしていく

『失敗の本質』(戸部良一ほか著)には、日本とアメリカにおける組織の特徴的な違いが、日本軍の戦略的失敗を通して示されています。「ガダルカナル島の戦い」が例として挙げられ、日本軍の失敗の原因として、戦略・戦術・戦法の徹底的な分析とその改善策の共有がほとんどなされなかったことが指摘されています。この書籍では、模範解答に基づいた計画の再現が組織文化に根付いていたことが、学習と改善の軽視につながっていたとしています。

日本軍では戦略の選択において、既存の教科書的な発想が重視され、目的達成のための最適な方法を既存の手段から選ぶというアプローチが中心でした。言い換えれば、決まった型を暗記し、それを忠実に再現することが評価される文化が強く存在していたのです。これにより、**模範解答に最も近い行動が評価される**というシステムが定着してしまっていました。

さらに、同書には**情報共有の欠如**も大きな問題として書かれています。日本軍では、現場での議論や情報がチーム内にのみ閉じられ、上層部は現場の実情を把握できていないまま意思決定を行う構造が蔓延していました。このような環境では、机上の理論に基づいた判断が多くなり、実際の状況に即した対応が取れなくなってしまいます。

この教訓からもわかるとおり、盲目的に模範解答に依存することなく、失敗から学び、改善を重ねることが組織の成長には不可欠です。そして、それを積極的に推進する役割がマネジメントを担うメンバーに求められます。

まとめると、マネジメントを武器にして失敗と向き合える組織を作るには、以下のことを実践していきます。

- 構造による裁量と権限で制約を作っていく
- 構造の中にいるメンバーのマインドを変えて文化を醸成し、エンゲージメントを高めていく
- 失敗を記録して、学習できるプロセス（フロー）を作っていく

5.2 構造を変えてフォース（流れ・力学）を作る

構造によるフォース（流れ・力学）を働かせるには以下のステップを踏みます（図5-2-1）。

- 枠を作り、
- 人をアサインし、
- 裁量と権限を定義して、
- 情報が流れるレポートラインを作る

この4ステップを踏むことで、初めて**構造による力学**が動いてきます。

図5-2-1　構造を変えるステップ

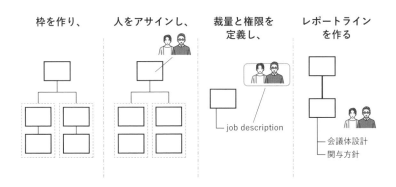

第5章 構造を動かす──「恐怖」と向き合う技術❶

コンウェイの法則の功罪

　構造とソフトウェアの関連性においては、「コンウェイの法則」をもとにした「逆コンウェイ戦略」など、システムと組織の形を理想に合わせていく方法もあります。しかし、多くの現場では既存のチームとシステムが複雑に絡み合い、コンウェイの法則を無理に適用するとリードタイムが長くなり、モジュール分割やデータベース分割、人材アサインの難しさから成功率が低くなりがちです。

　理想論としての逆コンウェイ戦略、すなわち「あるべきシステムの姿に組織構造を合わせる」ことの有効性は理解できる部分もあります。しかし、稼働中の組織とシステムの中で柔軟に協力し合いながら構造変化を促進するためには、異なるアプローチも必要でしょう。

　いきなりシステムの形を変えて（分割や統合など）、それに合わせてチーム構成を適用するのではなく、**メンバー構成の柔軟な動かし方**を習得するほうが、構造変化の力学を効果的に活用できるケースが多いのです。

5.3 Dynamic Reteamingパターンで構造変化をとらえる

　参考になるのは『Dynamic Reteaming: The Art and Wisdom of Changing Teams』（Heidi Helfand 著）に書かれているDynamic Reteamingの5つのパターンです。Dynamic Reteamingとは、ダイナミックにチームを再編成（リチーミング）することです。

　同書では、チームの状態やフェーズを示すエコサイクルには**図5-3-1**のような流れがあるとしています。

貧困の罠（Poverty Trap）と硬直の罠（Rigidity）

　流れとしては、チームの誕生（$Birth$）から始まり、思春期（$Adolescence$）といった何もうまくいかないフェーズを通り、やがてそこから成長を経て成

5.3 Dynamic Reteamingパターンで構造変化をとらえる

図5-3-1 チームの状態やフェーズを示すエコサイクル

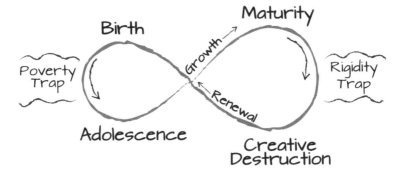

出典:『Dynamic Reteaming : The Art and Wisdom of Changing Teams』
https://www.oreilly.com/library/view/dynamic-reteaming-2nd/9781492061281/ch01.html

熟($Maturity$)していきます。最終的には創造的破壊($Creative\ Destriction$)を経て再生し、新しいチームが誕生します。

その過程で、**貧困の罠**($Poverty\ Trap$)と**硬直の罠**($Rigidity$)に陥ります。貧困の罠とは、チームの中でうまくコミュニケーションができなかったり、スキルが合わず、機能しないことです。または、作っているシステムやプロダクトが軌道に乗りません。これは、チームが誕生して価値観が違うメンバーが集まって互いに牽制し合っている関係では、しかたがないと思ってしまうフェーズともいえます。これが続くと思春期($Adolescence$)の状態に陥ります。とはいえ、そこからチームとしての集合知が徐々にできあがるとともに関係値ができあがり、成熟($Maturity$)していきます。

このころになると、採用によってチームサイズも大きくなったり、チーム内ルールといった制約、暗黙知、属人化も増えたりします。硬直の罠($Rigidity$)により意思決定が遅くなったり、ムダなフローがあっても暗黙知が邪魔をして「問題を認識しているけれど言わない状態」が見られます。チームメンバーが互いの役割を理解しているがゆえに、コンフォートゾーンの外に出た改善が進まなくなります。成長が止まっているという感覚をなんとなく皆が持ち始め、離職率がぽつぽつと上がってくるフェーズでもあります。

このようにチームが停滞や硬直の兆しを見せ始めた際には、組織として創造的破壊($Creative\ Destruction$)という形で構造改革を行い、新たなフェ

ーズへと再生していくことが求められます。

また、チームの状態という意味では、有名な**タックマンモデル**という考え方もあります。タックマンモデルは、形成期→混乱期→統一期→機能期→散会期というフェーズを経て、チームは成長したり衰退したりする様子を示しています。タックマンモデルも Dynamic Reteaming のエコシステムも、解釈はほぼ一緒でしょう。

5.4 5つのパターンで変化をつける

エコシステムのサイクルを理解したうえで、「Dynamic Reteaming」の5つのパターンを活用すると、現代の変化の速い環境でも安定したチームを維持しやすくなります。Dynamic Reteaming はチーム構造に流動性をもたらし、既存の組織を調整しながら安定性の高いチームを築くためのアプローチです。

5つのパターンを念頭に置き、チーム内の構造力学を意識することで、知識が特定のメンバーに偏るサイロ化を防ぎ、チームが硬直するのを避け、新しいメンバーも受け入れられる柔軟性のある体制が作りやすくなります。また、変化が激しい環境でもチームの結束力を維持し、失敗が発生しづらい基盤を作れます。

Dynamic Reteaming のパターンは以下の5つです。

❶ One-by-One パターン（一人ずつ）
❷ Grow-and-Split パターン（成長と分割）
❸ Isolation パターン（隔離）
❹ Merging パターン（マージ）
❺ Switching パターン（切り替え）

順に説明します。

❶ One-by-Oneパターン（一人ずつ）

One-by-Oneパターンは、チームメンバーを一人ずつ増減させる手法です。このパターンは、チームの文化や雰囲気を大きく変えずに、少しずつ構成を調整したいフェーズで検討されます。たとえば、退職によるメンバー交代や新メンバーの追加などで、チーム構成が一歩ずつ変化することを指します。

このパターンでは、メンバーが一人抜けるだけでチームの雰囲気やコミュニケーションの取り方に大きく影響を与える場合があります。特に「ブリリアント・ジャーク」と呼ばれる、優れたスキルを持ちながらもチーム文化やパフォーマンスに悪影響を与えるメンバーがいると、たとえ一人でもチーム全体に負の影響を与える可能性があります。最悪の場合、チームの崩壊につながります。

このような状況に対応するためには、次の点に注意しておくことが重要です。

- チームメンバーが一人ずつ入れ替わる際のパターンを理解する
- チームの力学に大きな影響を与える可能性があるため、メンバー間のコミュニケーションを密にする
- 新しいメンバーをスムーズに受け入れるためのしくみを整え、適応を促進する

One-by-Oneパターンでは、段階的な変化の中でチームのバランスを保つために、継続的な対話と受け入れのプロセスが欠かせません。

❷ Grow-and-Splitパターン（成長と分割）

Grow-and-Splitパターンは、チームが大きくなりすぎて効率が低下する状況で、チームを2つ以上に分割する手法です。このパターンは、急成長している企業や組織でよく見られます。チームが大きくなりすぎると、効率的に作業を進めるためにチームの分割が必要になることが多いです。Grow-and-Splitパターンは、チームの硬直化やコミュニケーションの停滞を解消するために用いられるパターンです。

> 第 5 章 構造を動かす──「恐怖」と向き合う技術❶

たとえば、次のような状態が見られる場合にGrow-and-Splitパターンを検討します。

- 会議で全員がビデオオフにして沈黙が続き、意見交換が活発に行われない
- チームの意思決定が遅延し、対応速度が落ちている
- 属人化が進み、特定のメンバーに業務が偏っている
- 権限委譲がうまく機能していないため、柔軟な対応が難しい

このパターンにおける分割は、メンバーに役割や権限を再配分し、より自律的で小規模なチームが効率的に機能することを目指します。

❸ Isolationパターン(隔離)

Isolationパターンは、既存のチームから独立した小規模なチームを作り、特定のプロジェクトや課題に専念させるパターンです。このパターンは、緊急事態への対応や新製品の開発など、従来のチーム運営とは異なるアプローチが求められる場面で特に効果を発揮します。独立したチームはほかのチームからの干渉を受けず、迅速かつ柔軟に取り組みを進められるため、集中して成果を出しやすい環境を整えることができます。

Isolationパターンの活用ポイントは次のとおりです。

- 独立した小規模なチームを編成し、迅速かつ柔軟に作業を進行できる
- 特定のプロジェクトや課題に集中し、集中的な成果を出す
- 他チームの干渉を受けないため、作業の進行が加速しやすい
- ただし、長期間の隔離は、ほかのチームとの連携不足や組織全体の効率低下のリスクがある
- 適切なタイミングでの、もとのチームへの統合計画が必要

Isolationパターンは短期間での集中プロジェクトに適しているため、活用の際には、統合のタイミングや計画をあらかじめ設定し、孤立による負の影響を防ぐことが必要です。

❹ Mergingパターン(マージ)

　Mergingパターンは、2つ以上のチームが合併して1つのチームになるパターンです。このパターンは、組織再編やプロジェクトの統合などさまざまな目的に実施されます。合併によってチーム規模が拡大し、新たなスキルや知識がチーム内に導入されるため、成果の最大化を目指すことができます。しかし、異なるチームの文化や仕事のスタイルが混ざり合うため、適切な調整とコミュニケーションが求められます。

　Mergingパターンの活用ポイントは次のとおりです。

- 2つ以上のチームを統合し、より大きな成果を目指す
- チームの規模が拡大し、新たなスキルや知識がチームに導入される
- 異なる文化や仕事のスタイルの融合が必要となり、調整が求められる
- 目標設定や役割分担、コミュニケーションプランの策定が成功の鍵
- チーム内で信頼関係を構築し、共通の価値観を共有することが重要

　合併後に成果を出すためには、統合プロセスにおいてメンバーの信頼関係の強化や価値観の共有を意識し、効率的に融合させることが求められます。

❺ Switchingパターン(切り替え)

　Switchingパターンは、チームメンバーがほかのチームへと移動するパターンです。個人のキャリア開発や組織内のスキルバランスを調整するために、このパターンが用いられることがあります。メンバーが異なるチームでそのスキルや経験を活かすことで、組織全体の能力向上やイノベーションが期待されます。

　ただし、メンバーの移動によって既存チームのバランスが崩れたり、新しいチームへの適応に時間がかかるといった課題も生じがちです。そのため、Switchingパターンの成功には、メンバー移動の基準やプロセスを明確にし、移動後もフォローアップを行う体制を整えることが重要です。

　Switchingパターンの活用ポイントは次のとおりです。

- チームメンバーがほかのチームに移動するパターン
- 個人のキャリア開発や組織内スキルバランスの調整を目的に実施される
- 組織全体の能力向上やイノベーション促進に寄与
- 既存チームのバランスの崩れや新チームへの適応の課題が発生する可能性
- 明確な移動基準やプロセス、フォローアップ体制の整備が必要

Switchingパターンを適切に活用することで、組織全体での柔軟な人材配置が実現し、個人とチームが相互に成長しやすい環境が作られます。

リチーミングのアンチパターン

リチーミング（チームの再編成）はチームの柔軟性を高め、課題解決や適応力向上に役立つ手法です。しかし、リチーミングがすべての問題を解決するわけではありません。たとえば、ペアプログラミングが効果的だと考えて全員に強制することで、開発者が信頼されていないと感じたり、自由を制限されていると不満を持つケースもあります。同様に、5つのリチーミングパターンをベストプラクティスとして一律に適用しようとすると、ハレーションが発生する可能性もあります。

大規模な編成変更が必要な場合には、細心の注意を払うことが大切です。たとえば、One-by-OneパターンやSwitchingパターンを用いる際、少しずつチームを再編成するほうがリスクが少なく、チームのダイナミクスを乱すことなく進めやすいです。チームを半分に分割したり、ほとんどのメンバーを配置換えするような大幅な再編は、全体のバランスを大きく崩し、チームの機能を低下させるリスクが高まります。

メンバーの納得度と自由度のバランス

チームの再編成においては、メンバーの納得度や自由度のバランスも重要です。メンバー割り当てが以下のように**上から下に進む**ほど、現場の自主性を尊重した納得度の高い再編が可能です。

- 上司の誰かが、彼らをチームに配置した
- マネージャーが、彼らの意見を聞かずにチームに配置した
- マネージャーが、チーム配属時に彼らの意見を求めた
- マネージャー／リーダーが、自薦他薦問わずに選抜した
- チームメンバーが立ち位置を交換し、その後マネージャーに報告した
- チームメンバーが自分たちでチームを形成した

あらためて、チームとは生き物であり、四季があるということ、チームは状況に対して**動的に変化すべきもの**と理解する必要があります。この感覚とそれを実行できる権限をもったマネージャーがどこまでメンバーの意志を汲み取り、意思決定していくのかが肝になるでしょう。

最終的に意思決定を受けるメンバー自身も、**"Disagree and commit"**の精神が必要です。「同意はしないがコミットする」という意味ですが、『HIGH OUTPUT MANAGEMENT』（アンドリュー・S・グローブ著）には、次のようなエピソードが語られています。

> 私はある部下に事態を私の見方で見るようにと一生懸命説得を試みた。彼は容易に同調しようとしなかった。そして最後にこう言った。「グローブさん、私を説得しようとしても無理ですよ。それよりも、どうして私を説き伏せようと意地を張るんですか。私はすでにあなたの言うとおりにしますと答えているんですから」。私は黙ってしまった。困惑した。なぜだかわからなかった。ずいぶん時間が経ってからわかったのだが、私が言い張ったのは事業の運営にほとんど無関係のことで、単に自分の気分を良くするためだった。それだからこそ困惑したのである。複雑な問題では容易に全面的な一致を見ることなどない。部下が事態を変えることを約束するなら、真面目に取り組んでいると考えるべきである。ここで重要な言葉は"呑める"という言葉である（中略）仕事上の必要と気持ちの安らぎとを混合すべきではない。事態を動かすのに、部下はあなたの側に立つ必要はない。あなたとしては、決められた行動のコースを追いかけると部下に約束させる必要があるだけだ。

こうした柔軟性のある目線や意識を持つのは簡単ではありません。互いの信頼関係のうえで、組織の意思決定に自分の考え方を述べ、成功／失敗

の議論について意見が違っても同意し、組織として前に進むために協力できる姿勢（マインド）ができる組織はきっと強いでしょう。

こうしたマインドを確保するためにも、次章で見る「文化の醸成」が必要です。

一方、構造を入れ替えるという視点は「枠を作ること」を意味します。実際の現場では、チーム構成を作ったら、そのあとには**人をアサインし、裁量と権限を定義し、レポートライン**を作っていきます。

5.5 構造に人をアサインできるか

人のアサインについては、以下の課題があります。

- 枠に耐え得る人材がいるか
- 兼務祭りにならないか
- 採用はできるのか

枠に耐え得る人材がいるか

リチーミングにおいて最も重要なのが、新たな役割と責任を担える人材の存在です。

しかし、多くの現場が直面するのはコンウェイの法則などで**理想的な組織図は描けても、それを実現する人材が社内に不足している**という現実です。

この課題に対しては既存メンバーの能力と適性を見極め、育成プランを策定することが不可欠です。同時に外部からの登用も視野に入れ、組織の成長と個人の成長を同期させる戦略が求められます。

兼務祭りにならないか

組織効率化を目指す中で陥りがちな罠の一つが、「兼務祭り」です。一人

の社員に複数の責務を兼務させることで、短期的には人件費を削減できるかもしれません。しかし、長期的には個々の負担を増大させ、パフォーマンスを低下させるリスクがあります。

ソフトウェア開発での「兼務」は、大きく「役職の兼務」と「役割の兼務」の二種に分けられます。

- 役職の兼務
  マネージャーや管理職などの役職を兼務することで、権限委譲が追いつかない場合に発生しがち。適任者がいない場合、どうしても少数のリーダー層に業務が集中する
- 役割の兼務
  一人の担当者が複数のプロジェクトを抱えたり、スクラムマスターとプロダクトオーナーを兼務したりといった、「横軸」での兼務が発生することもある。同じ裁量・権限を持った役割を複数担うことで、仕事量が膨大になるだけでなく、役割間のコンフリクトも生じやすくなる

兼務によってパフォーマンスが低下する理由は、時間的・心理的な拘束が物理的な限界を超えてしまうためです。1日の業務時間が限られている中で、兼務によって意思決定の質が下がり、迅速な対応が難しくなるのです。兼務者のアウトプットも、一貫した成果を出すための時間が不足し、各チームに対する貢献が疎かになりがちです。

一時的な兼務は致し方ないとしても、兼務を継続すると権限委譲や育成に使う時間も少なくなるため、組織が停滞します。各チームがオーナーシップを持って取り組むことを期待されているため、会議や計画立案などのミーティングが増え、チーム数が増えるにつれ1on1や評価などの管理業務も増大します。その結果、リーダー層が時間的に圧迫され、成長や育成に時間を割けなくなります。結果として、**SPOF**(*single point of failure*：単一障害点)となり、個々の兼務者に依存した組織構造が生まれ、リスクを抱えることになるのです。

適切な業務分担と明確な優先順位付け、育成が不可欠です。各ポジションの責任範囲を明確に定義し、必要に応じて業務の取捨選択を行うことが重要です。

第 5 章 構造を動かす——「恐怖」と向き合う技術 ❶

採用はできるのか

このような状態に陥らないように、採用は進めていきたいところです。現実には、マッチした人材母数が市場にいるのか、逼迫していないのか、自社の魅力や払い出せる給与で確保できるのかを冷静に判断するべきです。

また、優秀であればあるほど現職企業においても重要人物であり、簡単に引き継ぎができなかったりするため、採用にかかるリードタイムも長期化する可能性があります。採用したとしても、すぐさまパフォーマンスが発揮されるわけではないので、オンボーディングコストもかかります。

こうした複合的なアプローチで、理想の構造に対してきちんと運営できる人をアサインできるのかを考えます。

5.6 裁量と権限を作り、レポートラインをつなぐ

構造に対して人がアサインできたら、人と人とのつながりを役割として定義し、運用していく必要があります。

期待値のすり合わせともいえます。お互いが何を求めているかを定義しておかないと、「誰がどこまでボールを拾う必要があるのか」の認識がずれがちです。「これはAさんの責務だと思っていました」「Bさんの仕事だと思っていたのに、やってくれません」という無意味なやりとりが生まれます。これは第4章で見た、他責思考によるハレーションです。

ジョブディスクリプション（Job description）と呼ばれる資料を作り、ポジションに期待すること、責任の範囲、求められるスキルを記載します。

形式ばったものではなく、チームでカスタマイズしたものでよいでしょう。後述しますが、ジョブディスクリプションだけでなく、評価育成の文脈で「関与方針」というやり方と合わせることで、強力なピープルマネジメントの手助けになります。

ジョブディスクリプションは、昨今のジョブ型の働き方によって推進されるようになっていますが、チーム開発の中でも特定の役割（業務ではな

く)を任せることがあります。エンジニアでいえば、役職者から始まり特定プロジェクトのリーダーに抜擢したり、スクラムマスターやサーバントリーダーを任せたりします。その中でマネージャーとの役割の違いを明文化し、認識合わせをします。たとえば以下のような項目を埋めていきます。

- 役割名
- 任せたい仕事・領域
- 期待する行動
- マネージャーとの役割分担

たとえば、特定領域のリプレイスを任せるとすると、**表5-6-1**のようになります。

役割の定義を行えば、あとはレポートラインを整えて情報が適切に流れるルートを作るだけです(**表5-6-2**)。

大規模開発であれば、進捗管理、リスク管理といった基本的な部分をどこの会議体で拾うのかを決め、各会議体の目的を明確化します。アジャイルチーム内で完結するのであれば、まとめてプランニングの時間や、別途共有の時間を使いながら確認するのでもよいでしょう。

表5-6-1 ジョブディスクリプション例

項目	内容
役割名	・決済基盤刷新のプロジェクトリーダー
任せたい仕事・領域	・エンジニアリングチームをリードしながら、計画、実行、品質、完了の管理に責務をもつ。できるだけ品質に力を入れ、持続的に堅牢性のあるシステムを作ることが目的なので、納期ベースで品質は妥協してほしくない
期待する行動	・システム的な難易度が高いため、常に課題を先読みしながらレポートラインに沿って情報共有を徹底してほしい。隠れた失敗をできるだけ起こさないようにしたい
マネージャーとの責務分担	・メンバーのピープルマネジメントを中心とした評価部分はマネージャーが担当する。予算部分での裁量として、毎月1,000万円以内の決済であればプロジェクトリーダーの意思決定に任せる。ただし、全体の予算管理はマネージャーが行うため、情報の連携はしてほしい

表5-6-2 レポートライン例

会議名	目的	目標	アジェンダ	参加者	頻度	時間
スプリントプランニング	次のスプリントの計画とタスク割り当てを行う	全員が次のスプリントでのタスクと目標を明確に理解している状態	・バックログ確認 ・タスクの優先順位決定 ・タスクの割り当て	・エンジニアリングチーム ・マネージャー ・PdM	週1	1時間
プロジェクト進捗管理定例	プロジェクトの進捗状況を報告・共有し、課題を解決する	マネージャーとPdMがプロジェクトの進捗とリスクを把握し、必要なインプットができている状態、かつ先を読んだ対策を講じることができている	・進捗報告 ・リスクと課題の共有 ・次週の計画	・PdM（プロダクトマネージャー）	週1	1時間
1on1	メンバーのモチベーション維持向上、目標達成を支援する	メンバーが自身の短期および中長期の目標に向かって何をすればよいかがわかっている状態	・メンバーの業務進捗報告 ・目標に対するフィードバック ・インプット	・マネージャー ・エンジニアリングチームのメンバー	隔週	30分

5.7 構造による力学＝リズムが生まれる

このようにして構造を変えてフォース（流れ・力学）を作ることで、チーム全体に**リズム**が生まれます。

マネジメントは一度の大きな施策だけでなく、チーム内に改善のリズムを作り出すことが肝要です。リズムがある組織では、メンバーは臆することなくやりたいことに取り組め、ソフトウェア開発も順調に回ります。このようなチームは停滞感がなく、流動的に前進し続けており、たとえ失敗があっても常に動き続ける活力を持っています。物事がリズム良く前進している状態です。

失敗を受け入れながらも組織が前進し、最終的に成長していく環境を築くためには、次章で述べる「文化の醸成」とともに、本章で示したように組織の構造を工夫し、リズムとして安定した波を生み出すことが重要です（**図5-7-1**）。緩やかでありながらも波形が立ち、時には沈むこともあるものの、少しずつ上向きに成長を遂げる組織を目指していく必要があります。

5.7 構造による力学=リズムが生まれる

図5-7-1　チームのリズム

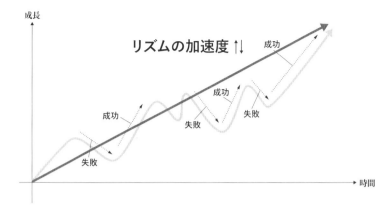

第5章 まとめ

- マネージャーの仕事は構造を動かし、文化を醸成し、プロセスを作り上げることである
- 構造を動かすには、枠を作り、人をアサインし、裁量と権限を定義して、情報が流れるレポートラインを作る
- 組織の変化は、5つのパターンを意識して人材配置していく
- 構造を動かし、改善活動にリズムを作っていくことが大事

参考文献

- 戸部良一、寺本義也、鎌田伸一、杉之尾孝生、村井友秀、野中郁次郎著『失敗の本質──日本軍の組織論的研究』中央公論新社、1991年
- Heidi Helfand 著『Dynamic Reteaming: The Art and Wisdom of Changing Teams』Oreilly & Associates Inc、2020年
- 大友聡之「ダイナミックリチーミングから学ぶ不確実な状況に適応し続けるためのチーム作り」https://www.docswell.com/s/toshiotm/53VEPK-2022-08-27-134747#p1
- アンドリュー・S・グローブ著『HIGH OUTPUT MANAGEMENT』日経BP、2017年

第 6 章

文化を醸成する
「恐怖」と向き合う技術❷

▶第6章 文化を醸成する――「恐怖」と向き合う技術❷

　構造の入れ替えによる効果を最大化するために、Dynamic Reteamingの概念を参考に、メンバーの適切なアサインや裁量・権限の明確化、そしてそれに基づくレポートラインの整備によって構造的な力学を整える方法について述べました。たしかに、構造を変えることで情報の流れが変化し、一見すると組織が良い方向に向かうように思われます。

　しかし、本当に重要なのは、構造を支える組織文化をいかにして醸成するかです。ここでいう文化とは、**失敗を恐れることなく、失敗と真摯に向き合える環境**をいかに作り出すかという点にあります。

▶6.1 失敗を受け入れるマインドセット

　『失敗の科学』(マシュー・サイド著)では、失敗に対するマインドセットについて重要な考え方が述べられています。2010年、ミシガン州立大学の心理学者ジェイソン・モーザー氏が行った実験では、失敗が発生した際に脳内で何が起こっているのかを観察する調査が行われました。この実験で観測された脳波の反応には、ERN反応(失敗に気付いた際の単純な反応)とPe反応(失敗に意識的に着目し、そこから学ぼうとする反応)があります。

　この実験では、被験者を「**固定型マインドセット**」と「**成長型マインドセット**」の2つのグループに分けました。固定型マインドセットとは、知性や才能が生まれつき決まっているととらえる考え方です。一方で成長型マインドセットは、知性や才能は努力によって伸びると考えるものです。

　被験者に意図的に失敗させた際、Pe反応(失敗から学ぼうとする反応)において大きな差が生まれ、成長型マインドセットを持つ被験者では、Pe反応が約3倍の数値を示しました。一方で、ERN反応(単に失敗に気付いた際の反応)にはほとんど差が見られませんでした。固定型マインドセットを持つ人々は失敗に着目せず**無視する傾向**が見られ、逆に成長型マインドセットの人々は失敗に**積極的に目を向け、まるで失敗に興味津々といった様子**が見られました。その結果、Pe反応が強い被験者ほど、失敗後の正解率が上がるという結果も示されたのです。

　つまり、失敗に対する受け止め方の違いなのです。固定型マインドセッ

トのように失敗を無視して逃げるのではなく、成長型マインドセットのように成功に欠かせない要因・材料として、ある意味自分から切り離した観察対象として失敗を見ている傾向があるのでしょう。

とはいえ、簡単にすべての人が成長型マインドセットになれるわけではありません。失敗の受け止め方の違いにおいて、この2つのマインドセットの間にあるであろう「**失敗に対しての恐怖**」を組織としてどう**崩せる技術**を持っておくかが重要になってきます。

失敗を非難しないためのしくみづくり

まず大切なのは、「**失敗を非難しない**」ということです。第1章でも触れたように、組織の摩擦や焦りから間違った失敗を引き起こす主な原因には、「失敗したら非難される」という感情が含まれています。場合によっては「非難されるのでは」と思い込んでいるだけかもしれませんが、実際に非難がある場合は、失敗を隠そうとする心理が強く働きます。こうした感情が組織の成長を妨げないように、セーフティネットとしてのしくみを構築する必要があります。

組織として、そうならないために、いかにセーフティネットとしてのしくみを作るか。ここでは以下の3つを紹介します。

- 「事前検死 (*pre-mortem*)」を行う
- 「知」の体系を理解し、学習棄却 (*unlearning*) を行う
- 失敗をリフレーミングする

6.2 始める前に失敗する
―― fail fast(早く失敗)ではなく fail before(事前に失敗)

事前検死(*pre-mortem*)は、プロジェクト開始時に潜在的な失敗要因をあらかじめ予測し、対策を講じる手法です。心理学者のゲイリー・クライン氏によって提唱され、プロジェクトの初期段階で想定されるリスクを洗い出し、そのリスクをあらかじめ管理することを目的としています。

第6章 文化を醸成する──「恐怖」と向き合う技術❷

　事前検死のポイントは、プロジェクトが進行する前に失敗要因を見つけ出すことであり、対応が事前に計画されているため、実際のプロジェクトの進行中に問題が発生しても、迅速かつ効果的に対応できる可能性が高まります。

　昨今は「**fail fast(速く失敗せよ)**」という失敗を迅速に見つけるアプローチが主流ですが、事前検死は、それよりもさらに前の段階で問題を予測し、対策を立てる「**fail before(事前に失敗する)**」という考え方に基づいています。

失敗を想定内の出来事にする

　fail fast(速く失敗せよ)というアプローチは、DevOpsやアジャイルといった「小さく作りながら駄目だったらロールバックする」という技術革新の恩恵を受けて実現可能になりましたし、この先もその流れは続くでしょう。

　一方、本書のテーマである「それでも失敗が怖い」という人の感情制御にはいまだに適用できていません。これを解決するアプローチがfail before(事前に失敗する)です。具体的には、開発プロセスの途中にfail before(事前に失敗する)を注入します(**図6-2-1**)。

　やり方としては、開発が始まる前に、そのプロジェクトが完全に失敗したと想像して**みんなで一度絶望します**。そのうえで、何で失敗したか(失敗する可能性が高いか)をみんなで真剣に議論します。たとえば、プロセスご

図6-2-1 fail before(事前に失敗する)を開発プロセスに組み込む

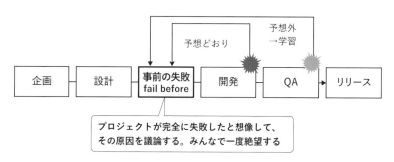

図6-2-2 プロセスごとの失敗しそうなこと

企画
- 市場リサーチ結果がなく、何をもってこの企画の成功なのかがわからない失敗
- ステークホルダーの合意を取らずに進めて、あとでドンデン返しにあう失敗

設計
- 影響範囲が広く、正しく見積もれているかわからない失敗
- 技術選定が不安で、あとあとスケーラビリティやパフォーマンスが心配な失敗

開発
- PdM(プロダクトマネージャー)、PM(プロジェクトマネージャー)とコミュニケーションがうまく取れずに手戻りが多い失敗
- タスク管理がざっくりすぎて、重要な機能が開発できていない失敗

QA
- テストケースの漏れで、クリティカルなバグが検出されないまま進行する失敗
- 本番環境とQAを行う環境に差分がある失敗

リリース
- リリース手順が明文化されていなかったり、自動化されていなかったりする失敗
- リリースしたあとに想定外の負荷に耐えきれずにすぐにロールバックする失敗

とに**図6-2-2**のように洗い出します。そのプロジェクトやチーム特有の問題にも踏み込みながら、大量に出すことをお勧めします。それに対して優先順位を付けて予防策を作っていくとよいでしょう。

　fail before(事前に失敗する)の重要性は、メンバー全員で失敗を「**想定内の出来事**」として共有することにあります。このプロセスを通じて恐怖心が薄まり、万が一、想定外の失敗が発生しても、それは「チームの課題」として位置付けることが可能です。こうした視点で、個人に対する責任が軽減され、チーム全体で解決に向かうアプローチが取れるようになります。

　fail before(事前に失敗する)のプロセスをはさんだあとは、自然と**失敗に対する意識**が変化します。予測どおりに失敗すると「**あのときにみんなで話した失敗だ**」というふうになり、失敗した人を攻めることはありません。予測外の失敗が起こったときには「**あのとき洗い出せなかったので次の学習に活かそう**」というように学習機会としてとらえられます。

　fail before(事前に失敗する)はプロジェクトだけではなく、あらゆる面で適用可能です。たとえば、組織目標から個人目標を立てるときです。「どうして目標が達成できなかったのか」を事前検死として評価前に検証して、事前に訪れそうな課題を評価者と1on1で話してつぶしてみるのもよいでしょう。

6.3 「知」の体系を理解し、学習棄却（unlearning）を行う

次に、失敗を非難しないコツとして、「小さい範囲で不確実性を閉じ込め、失敗を学びほぐしする（*Unlearn*）」という方法を紹介します。

まず、組織の集合知がどのような流れで形成されるかをSECIモデルを通して考えてみましょう。SECIモデルとは、暗黙知と形式知の2つの知識形態が相互に作用し、変換を繰り返すことで「知識変換」を行い、新しい知識が創造されて拡大するという集合知モデルの理論です。このモデルは、個人の知識モデルにとどまらず、個人→グループ（チーム）→組織といった広い範囲まで、暗黙知と形式知の相互変換を通じて「知」を広げていくことを説明しています。また、SECIモデルのサイクルが重なるたびに、その知識の厚みが増していき、個からチーム、そして組織へとスパイラル状に知識が広がっていくのです。

相互作用のプロセスには次の4つがあります（図6-3-1）。

図6-3-1 SECIモデル

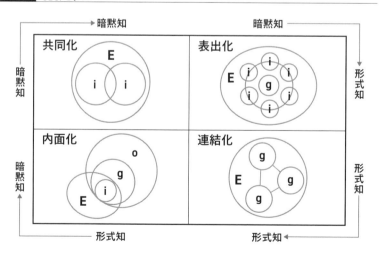

i＝個人、g＝グループ、o＝組織、E＝環境

- 共同化（*Socialization*）（暗黙知→暗黙知）
- 表出化（*Externalization*）（暗黙知→形式知）
- 凍結化（*Combination*）（形式知→形式知）
- 内面化（*Internalization*）（形式知→暗黙知）

暗黙知と形式知

　具体的な説明の前にSECIモデルの核となる暗黙知と形式知について触れていきましょう。私たちが「知る」という行為には大きく分けて、**暗黙知**と**形式知**があります。

暗黙知

　「暗黙知」とは、言語化されていない感覚的で身体的な知識を指します。これは「経験知」ともいわれ、経験を通じて体に馴染んでいるが、言葉での説明が難しい知識です。暗黙知はさらに、メンタルモデルに代表される「認知スキル」と、ノウハウや技巧、熟練などの「身体スキル」に分かれます。

　「身体スキル」の暗黙知として、自動車の運転を例に考えるとわかりやすいでしょう。座学で運転方法を学んでも、いきなり運転できる人は少ないものです。実際にハンドルを握り、アクセルを踏むなどの体験を通じて体に運転を染み込ませます。アクセルやクラッチ、ハンドルを絶妙に操作する感覚は論理的に説明しきれません。こうした感覚の知識は、失敗やトライを繰り返し、体に覚え込ませていくものです。スポーツやアートの世界でも似た例が多く見られます。天才的な身体能力や芸術性には、科学的法則を取り入れた部分もありますが、ほとんどが「どのように習得したかはわからない」といった感覚的な要素です。

　暗黙知の「認知スキル」には、認知モデルの一つとして「メンタルモデル」があります。これは、個々人が根深く持つ物事に対するイメージやモデルを指します。たとえば、幼いころにお化け屋敷で怖い思いをした経験があれば、その人は「どんな遊園地でもお化け屋敷は怖い」と思うようなメンタルモデルが形成されるかもしれません。多くの意思決定は、このように過去の体験に基づいたメンタルモデルを用いて行われます。

■形式知

　一方、「形式知」とは、言語化・理論化された知識です。感覚的な知識を形式化し、全員が共有できる形に整えることで知識の共有が可能になります。たとえば、アジャイル開発の概念は、当初は暗黙知的な部分が大きかったものの、「アジャイルソフトウェア宣言」として言語化・形式化されたことで、広く認知されるようになりました。形式知化することで、暗黙知とは異なり、知識が広く共有され、組織や個人に広がりやすくなります。組織における形式知の代表例は、マニュアルやルールです。こうした言語化された形式知があることで、組織内で情報やビジョンの伝達が促進され、重要な知識体系として機能します。

SECIモデルの各フロー

　では、具体的なSECIモデルの各フローを説明していきましょう。

■共同化（Socialization）（暗黙知→暗黙知）

　初めに「共同化」のフェーズです。この段階では、**暗黙知から暗黙知が生み出されます**。個人が組織内で経験し蓄積した暗黙知を、他者の暗黙知として伝達し、共感を生み出すことが目的です。

　たとえば、チームマネジメントが得意な人の近くで、その仕事のしかたや話し方を五感で感じ取った経験があるかもしれません。このように、身体的な近さから五感を通して覚える「知」は、言語化されておらず、理論化されていない暗黙知です。これを他者に伝達し、共有するプロセスが共同化です。ただし、伝達範囲が小さく、広く組織全体に伝えるのは難しい特徴もあります。

■表出化（Externalization）（暗黙知→形式知）

　次に「表出化」のフェーズに移ります。ここでは、**暗黙知が形式知に変換される**のが特徴です。共同化で小範囲の共有が行われたあと、暗黙知を言語化し、広く伝えることが必要になります。

　たとえば、チームマネジメントが得意な人のやり方を暗黙知として学んだ後、それをナレッジ化し、再現可能な形にすることです。ナレッジを言

語化し、組織内でリファレンスとして活用すれば、誰でもその方法を実践できるようになります。この表出化の段階で初めて**「知」が形として誕生**するのです。ただし、すべてを言語化するのは難しく、たとえばアジャイルソフトウェア開発の宣言文を読んでも完全に意図どおり実践するのは容易ではありません。重要なのは、このあとのフェーズと合わせ、SECIモデルを何度も反復していくことです。

▍凍結化（Combination）（形式知→形式知）

次は「凍結化」のフェーズです。ここでは、**形式知どうしを組み合わせたり参照して、新しい理論や物語を生み出します**。世の中には言語化されている形式知が多く存在します。

自分が暗黙知から形式知に発展させたものでも、既存の形式知と重なることは多いものです。凍結化は、既存の形式知をアップデートする形で新たな形式知を創出するか、形式知を組み合わせて新しい文脈を生み出すプロセスです。多くの理論も、過去の理論を引用し組み合わせることで新たに成り立っています。そのため、知識のアップデートが可能になるのは、形式知どうしが交わる場面が多いのです。

▍内面化（Internalization）（形式知→暗黙知）

最後のサイクルは、形式知を再び個人に落とし込み、暗黙知を生む活動です。形式知をマニュアルとするなら、それをもとに実践し、体験を通じて本当に馴染んでいるか確認することが必要です。

これは「**わかるとできる**」の違いにも通じます。マニュアルとして頭で理解していても、実際に行動して「できる」とは限りません。この「知」のサイクルを通じて、形式知が暗黙知として体に定着するまで実践することが大切です。

小さくSECIモデルを回し、レジリエンスエンジニアリングを実現する

どんな知識も、初めは個人の暗黙知から始まり、最初は小さな範囲で感覚として人に伝達されます。それを他人に伝えるためには形式知に変換し、**言語化されて誰でも理解できる「知」にする必要があります**。さらに形式知

どうしが融合しアップデートされることで、より高度な形式知が形成されます。そして、その形式知が再び個人に浸透して「できる」という形で定着するか、もしくはそこから新たな暗黙知が生まれます。

さて、こうしたSECIモデルを通して組織の「知」や「集合知」がどのように形成されていくのかを理解すると、重要なのはこのサイクルをいかに早く回せるかという点になります。組織が効率的に自己組織化に向かうためには、「失敗から学ぶのが一番効率が良い」とされ、暗黙知→形式知のサイクルを回すための原動力は**小さくコントロールされた失敗**にあります。ここから**レジリエンスエンジニアリング（失敗学習を経て回復するエンジニアリング）**を適用し、失敗から学んでUnlearn（学習の捨て去り）させていくことで新たな形式知が生まれ、最終的に内面化によってさらなる暗黙知が生まれていきます。

SECIモデルと組織学習の必要性として、Unlearn（学習の捨て去り）は非常に重要な概念です。Unlearnとは、組織が失敗から学び続けるために、単に新しい知識やスキルを身に付けるだけでなく、時には古い考え方や習慣を意識的に手放すことを指します。これまでに習得した知識やスキル、思考パターンを**意識的に捨て去り**、新しい知識や方法を受け入れるための準備をするプロセスです。

■自己否定学習による学習棄却（unlearning）

レジリエンスエンジニアリングを実現するヒントとして、『失敗の本質』（戸部良一ほか著）における**軍事組織の環境適応**の考え方が参考になります（**図6-3-2**）。これはソフトウェア開発にも置き換えられる概念です。ヒト・モノ・カネといった資源を活用し、常に市場（環境）を意識して戦略を立て、その戦略に基づいた戦術（施策や案件）を実行し、最終的に得られた成果（パフォーマンス）を評価することで、組織は成功や失敗をもとに学習と適応を行います。この流れを経て、組織が持続的に成長する枠組みが形成されるのです。

重要なのは、パフォーマンスとして得られる結果が期待どおりかどうかという点です。予期した結果が得られれば理想的ですが、予期しない結果＝失敗として出力される場合もあります。その結果を組織としてどう学習し、次にどう活かしていくかが組織の力量を左右します。**情報文化的資源**

6.3 「知」の体系を理解し、学習棄却(unlearning)を行う

図6-3-2 軍事組織の環境適応の分析枠組

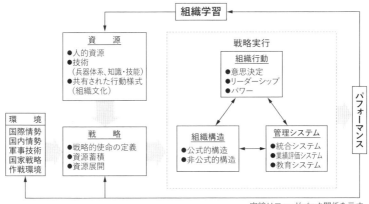

出典:『失敗の本質』(戸部良一ほか著)

としてその失敗がどれだけ組織に吸収され、次の成功に結び付くかが鍵となります。

この組織学習についての言及を引用します。

> しかしながら、パフォーマンスギャップがある場合には、それは戦略とその実行様式が探索され、既存の知識や行動様式の変更ないし革新がもたらされるのである。とりわけ、既存の知識や行動様式を捨てることを、学習(learning)に対して、学習棄却(unlearning)という。このようなプロセスこそが組織学習なのである。
>
> 出典:『失敗の本質』(戸部良一ほか著)、P.347

つまり、既存の知識を疑い、新しい知識を獲得するには学習を棄却することが必要だといい、合わせて学習棄却(*unlearning*)するには**自己否定学習**が必要だとも述べています。「反証可能性」の議論も合わせて、起こった事象・起こる前の事象に対して自己否定的な反証可能性(失敗)を持ち、結果に対して既存知識をUnlearnしていくことが学習できる組織を作っていきます。

6.4 マネージャーは「失敗」という言葉をリフレーミングする

　SECIモデルとUnlearnによる組織の知の体系を理解したうえで、組織のマインドセットを変え、浸透させるためにマネージャーが行うべきは、失敗という言葉をリフレーミングすることです。リフレーミングとはフレーム（枠組み）のPrifix（プリフィックス）であり、失敗という概念（フレーム）を再定義することを意味します。

　失敗を恐れるのは、失敗という言葉が恐怖の対象（評価が下がる、楽しくない、非難される）だからです。それを払拭するにはマネージャー自身が失敗という**言葉の意味**をポジティブに変換していき、**会話の中でよく使う**ことが、愚直でも一番効果があるやり方です。

　『恐れのない組織』（エイミー・C・エドモンドソン著）には、魅力的な失敗のリフレーミング例がたくさん出てきます。

- 「自分は失敗のプロではなく、学習のプロだ」
- 「失敗は学習のバグではなく、ひとつの特徴である」
- 「失敗を称賛する文化を作るために、失敗を見つけたら「よくぞ見つけた！」と褒める」

　こうした言葉をうまく使いながら、**不安と失敗を切り離し**、失敗を議論のテーマとして自然に扱える環境を整えることが重要です。そのためには、雰囲気作りが欠かせません。

　イヤな報告をする立場で考えれば、ネガティブな感情を抱くのは自然なことです。そのうえで、報告を受けるマネージャーがイヤな雰囲気を醸し出していると、より言いづらくなります。こうした状況では、あえて報告者を「褒める」や「感謝する」ことがとても大事です。

- 「いま、この課題を話してくれたおかげで早めに対策を打つことができて助かったよ」
- 「課題だらけの議論の中でも、ポジティブな意見と良い雰囲気を出してくれてありがとう」

6.4 マネージャーは「失敗」という言葉をリフレーミングする

図6-4-1 失敗を受け入れるポジティブサイクル

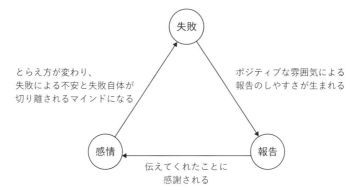

こうした対応を繰り返すことで、報告が「褒めてもらえる」行為として記憶に残り、通常ではネガティブに感じやすいサイクルが、次第に「失敗を報告したら褒めてくれた」というポジティブサイクルへと変化していきます（**図6-4-1**）。

「称賛」は人を褒める、「失敗」は事象を指摘する

「褒める・称賛する」と「失敗・課題を指摘する」際には、注意すべきベクトルがあります（**図6-4-2**）。

- 成果を称えるなら人を褒める、課題を指摘するなら事象を指摘する
- 褒める際は誰から言われたかが重要であり、課題については何を指摘されたかが重要である

つまり、失敗について話す際には**失敗した人を指して話すのではなく**、必ず「事象」に対して話を向け、課題解決の方向性をチーム全体に広げていきます。これにより、個人の課題ではなくチームの課題として扱うことが可能になります。

一方で、褒める場合は失敗を報告してくれた人を称賛します。報告をしてくれた人の勇気や主体性を称えることで、ほかのメンバーにもそのような行動が広がっていくのです。また、褒められた人は、誰から褒められた

第 6 章 文化を醸成する——「恐怖」と向き合う技術❷

図6-4-2 褒めるベクトル

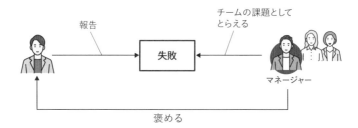

かも気にかけます。直属の上司や評価者であるマネージャーが褒めることで、より意味が生まれ、その人のモチベーションも高まるでしょう。

前出の『恐れのない組織』では失敗のリフレーミングについて、失敗のタイプを分類して伝えることで「**どんな失敗をしてはいけないか**」を伝え、文化レベルで醸成していけるとしています。

失敗には3つの観点があります（**表6-4-1**）。

- 回避可能な失敗
- 複雑な失敗
- 賢い失敗

回避可能な失敗というのは、いわゆる決まったプロセスから逸脱することで起こる失敗です。

ここは第2章でも述べた以下の3つも合わせて考えるとよいでしょう。

表6-4-1 失敗の3つの観点

	回避可能な失敗	複雑な失敗	賢い失敗
定義	既知のプロセスから逸脱し、望まない結果が起きる	・出来事や行動がかつてない特異な組み合わせ ・さりげない要因が加わることで、望まない結果が起きる	新たなことを始めて、望まない結果が起きる
共通する原因	行動・スキル・注意の欠如	慣れた状況に複雑な要因が加わる	不確実性、試み、リスクを取る
特徴を示す表現	プロセスからの逸脱	システムの破綻	うまくいかなかった試み

- 「隠された失敗」から「透明性のある失敗」へ
- 「繰り返される失敗」から「学べる失敗」へ
- 「低リスクなムダな失敗」から「リスクを取った学べる失敗」へ

　一方、賢い失敗というのはリスクが高いのはわかっている、うまくいくかはわからない、だけれども挑戦しないと成功もないというタイプの事象についての失敗です。これは誰しもが推奨されるべき失敗になります。
　周りを巻き込みながら、仕事を進めるマネージャーは失敗に関する言葉をリフレーミングしながら、失敗を分類分けして、正しい失敗と間違った失敗をメンバーに伝えながら文化を作っていきます。

6.5 何度説明しても伝わらないように「伝えていないか」

　失敗に関する考え方をリフレーミングし、文化を醸成するうえで、マネージャーは次のようなポイントに重点を置きます。

- 失敗から組織が学ぶことの重要性を説く
- 失敗情報が集まりやすい雰囲気を作る
- やってはいけない失敗のタイプを具体的に伝える

　しかし、この過程でよく直面する問題の一つが、マネージャーの言葉が正しく伝わらないことです。これは根底的でかつ非常に難しい課題です。よくいわれる「優秀なプレイヤーが名監督になれるとは限らない」という言葉が示すように、エンジニアリングスキルや専門知識とは異なる伝達スキルがマネージャーには求められます。伝わらなければ、組織内での文化の醸成や構造の変化にもメンバーの納得感が伴いにくくなります。
　『「何回説明しても伝わらない」はなぜ起こるのか』（今井むつみ著）は冒頭で、「**人は、何をどう聞き逃し、都合よく解釈し、誤解し、忘れるのか**」と説明していますが、これは人に何かを伝える難しさをよく表した言葉です。
　特にマネージャーにとってつらいのは、「なぜ伝わらないか」の原因がわかりにくい点です。たとえば、期の戦略について何度も全体会議で説明し

ても、いまだに基本的な質問が繰り返される。また、全員をある程度コントロールしようとしてマイクロマネジメントが増え、定時を過ぎてからようやく本来の業務に着手せざるを得ない、といった状況も見られます。

こうした課題を解決する基本的な前提として、「**言った側は覚えているが、言われた側は忘れている**」という構造を理解しつつ、メンバーにどう伝えるかを工夫する必要があるのです。

「1：N」と「1：1」の伝え方の違い

マネージャーがチームに対して物事を伝える経路は、1：N（複数メンバーに一気に伝える）と1：1（1対1で伝える）の2つです。そして、1：Nでは「**ざっくり**」と伝える、1：1では相手の理解度に応じて「**詳しく**」伝える、です。まず、この違いを理解していないと「何回も伝えているのに伝わらない」という現象に入ります。

特に、大人数の会議と少人数の会話では参加者の主体性が異なることを意識する必要があります。これは第4章で触れた**傍観者効果（Bystander Effect）**が働くためです。ほかの人が反応しないのを見て「自分が発言しなくてもよいだろう」「誰かが反応してくれるだろう」と思う傾向があり、特にリモート環境での画面オフ・ミュート状態では、相手が話を聞いているかすらわからず、発言者には心理的負担も増します。

そのため、情報が**伝わる率**を計算して、伝えたい情報の20％ぐらいを理解してもらえればよい場合は1：Nで行います。たとえば、プロジェクトのキックオフミーティングは概要と目的、これからの流れを説明する程度にとどめて、参加者は「このスケジュール感でこういったプロジェクトをやるんだな」ぐらいの理解度で問題ないです。

そのあとに、1：1もしくは少人数で会話をしながら、相手の知識レベルや理解度に応じて説明内容を変化させていきながら伝わる率を上げていきます。

伝え方の具体例

具体例を挙げて伝え方について説明します。

6.5 何度説明しても伝わらないように「伝えていないか」

■プロダクトのキックオフミーティングを例に

たとえば、10名のメンバーを持つプロダクトチームのマネージャーと仮定しましょう。事業責任者と今期の売上目標や予算、戦略と施策、リリースロードマップを策定し、これをメンバーに共有する必要があるとします。メンバーの内訳は、今年入社した新卒メンバー2名、現場を回しているリーダー的なエンジニア2名、デザイナー2名、プレイヤーとしてのエンジニア4名です。

こうした中で、1：Nとして事業責任者を含めてキックオフミーティングに1時間半とり、前期の数字ふりかえりから始まり、市場の流れから今期の売上目標、そのうえで戦略や達成したい細かなKPIの数値、KPIを伸ばすための戦術施策の説明、それぞれの目標リリース日などを一気にメンバーに説明したとします。

■話している側と聞いている側の情報量の違い

話している側としては、1ヵ月かけて**何もないところから戦略を立て始め、何度もブレストをして考え抜き、導き出した成果物になります**。それを資料にわかりやすくまとめてキックオフミーティングで話しているので、**話している側といきなり情報ゼロから聞いている側の情報格差が大きく**なっています（図6-5-1）。

図6-5-1 キックオフミーティングでの情報格差

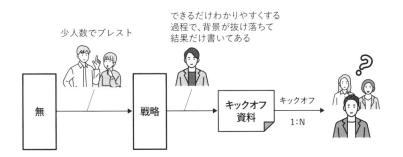

話している側としては「**できるだけわかりやすく伝えたい**」という思いから、ここまでの議論の過程を簡潔にまとめて伝えています。それとは裏腹に、聞いている側としてはシンプルな結論のみが伝えられるため「**なぜ、このような戦略になったのか背景がわからない**」と感じる弊害が出てきます。

　さらに、メンバーによって理解度が全然違います。リーダー的存在のエンジニアは、普段からマネージャーや事業責任者と会話したりする中で事業的な理解が進んでいたり視座も上がっているので、理解度が高いでしょう。一方、新卒エンジニアは事業構造もわからなければ案件もわからないため、理解度が低いメンバーも多いでしょう。

■「全員ミーティング」はアンチパターンになりやすい

　こうした話をすると、現場のエンジニアを含めてもっと**上流の議論から入ってもらおう！**という動きをすることがありますが、ミーティング自体が大人数になってしまい、発言する人はいつものメンバーで固定化されます。一方、大人数ミーティングでの傍観者効果で、ほとんど話を聞いていない・参加していないという問題が発生します。さらにミーティングの時間が増えることで主務であるエンジニアリングをする時間が削られてしまいます。

　こうしたことを防ぐには、1：Nでざっくりと伝え、1：1で詳細に伝えるという方法が最終的に効率が良くなります。マネージャーの時間的コストを気にする方もいると思いますが、伝わらずに手戻りする時間的コストと精神的コストに比べれば費用対効果は良くなるでしょう。

　例外として、長年同じチームで開発をしていて自己組織化が進み、マネージャーが「1言えば10わかる」メンバーがそろっている場合には、1：Nのやりとりで伝わることも往々にしてあります。チームの状態に合わせて考えていくのがよいでしょう。

　さきほどの例のように新卒メンバーが多かったり、あまり普段事業的な部分に触れていないエンジニアがいる場合には、1：1での伝え方が大事です。相手の理解度によって話す内容を変えていき、全員が理解できるまで会話していきます。

　そして、「**シンプルに継続的に**」伝えることが大事です。1：1もけっして1回だけではなく、1on1などを通じて継続的に伝えていきます。そして人

図6-5-2 1on1での伝え方

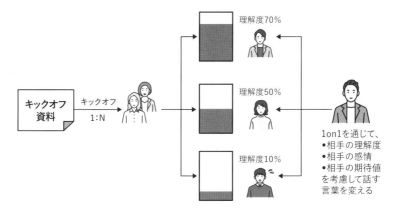

はシンプルに伝えなければ忘れてしまうので、「言ったら伝わる」「話せばわかる」ではなく、相手の理解度、相手の立場、相手の感情、相手の期待値を考慮して、使う言葉、伝え方を変えることが大事です（**図6-5-2**）。

6.6 問題がないチームには、問題がある

　失敗を受け入れレジリエンスの効いたエンジニアリングチームができてくると、ある日ふと「チームが安定して特に大きな問題もない」という状態になることがあります。私自身も何度か経験してきました。

　チームメンバーとも長い付き合いになり、自己組織化に向かってお互いの得意なこと、苦手なこと、性格の癖、目指しているエンジニアなどがわかってくると、自己肯定感がチームとして強まって特段、**大きな問題が起きなくなります**。こうしたチームに身を置いていると安定していて、仕事をしていても気楽で自分らしくいることができます。

「心理的安全性が高い」は、ほとんどが虚像である

　こうした状態は心理的な安全性は高いですが、**危険信号**だと思ってよい

でしょう。本来、チームというのは、問題が山積みで失敗が多く、「恐怖」になり得る対象が多ければ多いほど、**成長の伸びしろ**があるといえます。

たとえば課題の多いプロダクトを担当することになったり、炎上しているプロジェクトに参画することになったときは、チームのコンディションとしてマイナスから始まります。しかし、目の前には解決するべき課題が明確になっており、解決すればマイナスがゼロになることはわかっているのでやった分だけ成長します。

そうした時期を経て、プロダクトが安定し、大きなプロジェクトも完遂するとチームに達成感が生まれ、以前より大きな困難がない状態になります。するとどうなるかというと、「**自分たちのチームは心理的安全性が高い**」という発言が増えます。その理由を聞いてみると、チームに大きな問題もないし、メンバーの得手不得手もわかっているし、ほかのチームからも「モチベーションが高そうなチームだよね」と言われるからという意見を多く聞きます。

一方、これは見方を変えれば、**何も問題が生まれないような難易度の仕事をしている**ともいえます。つまり、今のチームケイパビリティでこなせる仕事が多いということです。

心理的安全性が高いというチームの多くは、**ぬるま湯である**可能性が非常に高いです。本来、心理的安全性が高いとは、自分の意見が否定されず肯定され続けて居心地が良いことではありません。時には、自分にとって否定的な率直な意見をもらうこともありますし、失敗についても躊躇（ちゅうちょ）なく指摘し合う中で建設的に反対したり考えを交換できるチーム心理のことをいいます。かつ、モチベーション的なマイナスがない状態です。

また、目標達成基準を下げることでもありません。チームの課題というのは、チームへの期待値を上げていき、今の能力では達成できないストレッチの効いた目標を定めることで必ず出てきます。

快適ゾーンから、学習および高パフォーマンスゾーンへ

前出の『恐れのない組織』では、そうした心理的安全性と業務基準の関連性を**図6-6-1**の区分で表現しています。

図6-6-1 心理的安全性と業務基準

	業績基準が低い	業績基準が高い
心理的安全性が高い	快適ゾーン	学習および高パフォーマンスゾーン
心理的安全性が低い	無気力ゾーン	不安ゾーン

　目指すべきは、右上の「学習および高パフォーマンスゾーン」です。業務基準が高い(求める期待値が高い)にもかかわらず、チームの中を見るとプロダクトを良くするための率直な意見が飛び交いながらもモチベーションが高く維持できている状態です。

　一方、前述した「**ぬるま湯状態**」は左上の「快適ゾーン」です。不安ゾーンや無気力ゾーンを経てチームが安定した状態になり、そこで満足してしまっている状態です。ここからは、自分たちで自分たちに負荷をかけて期待値を上げていき、いわば失敗を作っていく作業になります。その失敗を乗り越えて、パフォーマンスを上げていきます(**図6-6-2**)。

　チームマネジメントにおいて、課題が山積みなチームを良くすることが得意なマネージャーは多く存在します。しかし、一見問題がないチームに

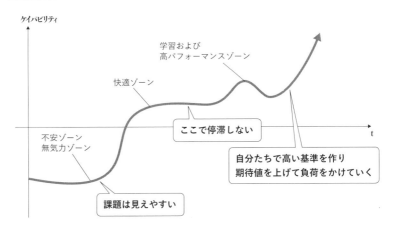

図6-6-2 学習および高パフォーマンスゾーンを目指す

第6章 文化を醸成する――「恐怖」と向き合う技術❷

ストレッチの効いた目標と高い期待値をかけながらも、モチベーションを下げないでチームグロースさせるという、快適ゾーンを抜け出せるマネジメント能力を持っているマネージャーは少なく感じます。

　逆説的に考えれば、常に失敗から生まれる「恐怖」と戦っているチームが正しい状態であるともいえます。「憂鬱でなければ、仕事じゃない」という有名な言葉があります（『憂鬱でなければ、仕事じゃない』（見城徹、藤田晋著）。常に自分たちに越えるべき壁を作りながら、それを乗り越えるためにチームをモチベートし、失敗に恐怖しながらもそれを受け入れる心理的安全性の高いチームがあることが良い組織だと感じます。

6.7 ピープルマネジメントは、型でマネージする

　快適ゾーンからの脱却には、いくつか乗り越えなければならない問題があります。心理的安全性を高く保ちつつ、メンバーの期待値を引き上げて負荷を調整するには、**ピープルマネジメント**の強化がマネージャーにとって欠かせません。

　特に難しいのは、達成すべき組織目標があり、そこから逆算して発生する開発案件と、メンバーがやりたい仕事をマッチングしたうえでの**アサインメント**です。このバランスが崩れると淡々と来た開発案件をこなすだけの無気力なチームになり、そのチームにいてもスキルが伸びないというハレーションから離職率が上がります。

ピープルマネジメントの型

　この問題に対応する一つの方法として、「**関与方針**」というピープルマネジメントの手法があります。これは株式会社EVemが提供するマネジメントの型の一種で、メンバーのアサインに最適な関与方法を理解し、適切なサポート方法を明確化することで、通常言語化しにくい部分を相互理解できるようにする手法です。関与方針は、**図6-7-1**に示すように**4象限で**見ていきます。

6.7 ピープルマネジメントは、型でマネージする

図6-7-1 関与方針の型

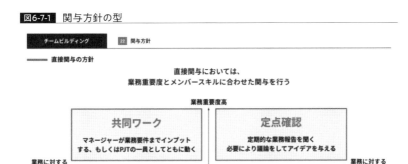

出典：「EVeM、マネジメントトレーニング「マネ型」の提供へ　60個の"型"の習得と実践を支援」
https://saleszine.jp/news/detail/5506

　関与方針の4象限は、縦軸に「業務重要度」の高低、横軸に「スキル」の充足度（十分か不十分か）を配置してマネージャーの関与レベルを調整するものです。

　たとえば、業務重要度が高い仕事を任せる場合、そのメンバーがその仕事に対するスキルが不十分であれば「共同ワーク」としてマネージャーが直接関与し、知識の伝達や期待値の明確化を行うことが必要です。逆に、マネージャーが関与せずに任せてしまうと、その仕事が失敗する可能性が高まります。

　一方で、業務重要度が高く、担当するメンバーが十分なスキルを持っている場合、「定点確認」と呼ばれる定例ミーティングなどで進捗状況や課題を確認し、必要な場合にのみ解決策を考えるという関与が適切です。ここで「共同ワーク」を行うと、マネージャーのリソースが過剰に使われ、メンバーの自立や成長を阻害してしまう恐れがあります。

　また、業務重要度が低い仕事を任せる場合、メンバーのスキルが十分であれば「お任せ」としてマネージャーは関与を控え、進捗を確認する程度や、結果の報告を受ける程度で十分です。一方、スキルが不十分な場合には「トライ」といった形で、育成を目的としてその仕事を任せるケースが適しています。

第6章 文化を醸成する——「恐怖」と向き合う技術❷

このように、業務の重要度とメンバーのスキルに応じて適切な関与の度合いを見極めることで、マネージャーのリソースを効果的に活用しながら、メンバーの成長と業務の成果を同時に実現できるのです。

この考え方を少し拡張してピープルマネジメントの型を作ります。関与方針に以下の要素を追加します。

- 現在の等級（グレード）
- 今期の目標
- 来期目指したい等級（グレード）
- アサインメントに対する「期待値」
- アサインメントに対する関与方針に加えて今期終了時点での関与方針

すると、**図6-7-2**、**図6-7-3**のような表ができます（詳しくは後ほど紹介します）。

図6-7-2 関与方針シート-1

図6-7-3 関与方針シート-2

目標→アサインする業務→関与方法はセットで定義する

この関与方針シートは、マネージャーが配下メンバー(直接関与するメンバー)について作ります。思考の流れは以下のとおりです。

❶ 現等級がある中で、この人を「ここまで引き上げたい」という目標(目標設定)があり、来期の目標等級がある
❷ その目標を達成するためのアサインメント(どういった業務を任せたいか)がある。これはプロジェクト名でもよいし、領域(マネジメント領域)でもよい
❸ そのアサインメントに対して、今回期待することがある
❹ こうした前提の中で、自分がどこまで「関与するか」をメンバーのスキルや業務重要度から決めていく
❺ 関与のしかたを具体的に示す(「この定例で確認する」など)
❻ 今期の関与方針と、最終的な関与のしかたを決める
❼ これらを記載したら、必ずメンバーと関与方針に対して対話をして合意を取る。これにより納得感がある仕事のしかたができるようになる

このように、目標からアサイン業務、期待値、関与方法を**一気通貫**で可視化することで、メンバーが納得して仕事に臨むことができ、マネージャー自身のリソースマネジメントも向上します。

マネージャーが配下メンバー全員と「共同ワーク」するのは時間的にも厳しいことが多く、結果として皆に平等に**薄く関わることしかできず**に、誰も育成できていない現場を多く見てきました。

「共同ワーク」という関わりは、体感として2〜3人が限界でしょう。そのため、今期はこの3名に集中的に自分の考え方や知識を伝えていく、次の期で違う3名を選んで共同ワークしていくなど、リソースマネジメントにも使えます。こうした対応を可視化しないと「**マネージャーが忙しくて捕まらない**」「**月に一度会話するぐらいの関係性**」といったことが続いてしまいます。

関与方針の具体例

図6-7-4のようなチームを例に関与方針を考えてみます。プロダクトチ

第6章 文化を醸成する——「恐怖」と向き合う技術❷

図6-7-4 チーム例

マネージャー
- 役割：PdM、エンジニアリングマネージャー
- 業務内容：プロダクトの戦略立案、エンジニアの評価・育成

この人が書く関与方針

チームリーダー（Aさん）
- 役割：テックリード、PM　●等級：25
- 業務内容：開発チームのリードを担当。技術方針の決定や開発生産性の向上などプレイヤーも行いながら、チームをリードするプレイングマネージャー

エンジニア（Bさん）
- 役割：エンジニア　●等級：20
- 業務内容：プレイヤーとして一人前に業務の遂行が可能。最近は1プロジェクトをそのまま渡すことも増えてきた

エンジニア（Cさん）
- 役割：エンジニア　●等級：15
- 業務内容：最近入社した新卒メンバー。プレイヤーとしての活躍が、まだフォローが必要そうなメンバー。伸びしろは一番ある

　ームにおいてPdMを担当しているマネージャーがあなたです。配下メンバーはエンジニアが3名おり、評価・育成といったエンジニアリングマネージャーも責務の一つとしてあります。

　チーム構成とメンバーの特徴としては、1名チームリーダーを任せているAさんがおり、技術に強く、詳細設計からチームへのタスク分解も行え、自身もテックリードとして技術的な品質も担保する立場です。Bさんは一人前のプレイヤーとしてがんばってくれており、Cさんは最近入社した新卒メンバーで単独で業務を遂行というよりはまだサポートが必要です。

　では、マネージャーから見たときの関与方針を考えてみます。前述した表を再掲します（**図6-7-5**、**図6-7-6**）。

　関与しているメンバーは、Aさん・Bさん・Cさんの3人です。

　特にAさんは現在はチームリーダーですが、**次期マネージャー候補**と考え、重点的に育成したいと考えています。等級もそれなりに上位（最大等級は40）なので、アサインメントとして抽象度をあえて高くした記載にしており、マネジメント領域（ピープル・プロジェクト・プロダクト）を書いています。それぞれの期待値も書いていますが、ピープルマネジメント領域はまだ未経験なため、「共同ワーク」を取りながら、一緒に1on1や2on1をメンバーとしながらピープルマネジメントとは何かを伝える期待値を持っています。一方、プロジェクトマネジメントはチームリーダーの経験を通

6.7 ピープルマネジメントは、型でマネージする

図6-7-5 関与方針シート-1

チーム	氏名	等級	目標	来期の目標等級	アサインメント	期待値
Xチーム	Aさん	25	URL	30	ピープルマネジメント側面 組織デザイン・プロジェクトマネジメント側面 プロダクトマネジメント側面	・Aさんに下期中にマネージャーレベルを持ってもらいたい。30等級への引き上げです。そのためには、メンバーレベルではなくチームメンバーのコミュニケーションの中で正確に主観的なことを伝えられる場面が必要、1on2の機会を改善するために1on1で正確に入力していく。コミュニケーションの仕方の改善をする。メンバーとの面談を1on1を2on1にしてコミュニケーションを育成していきたい。 ・期待値としては、プロセスの中で実装以外の要件定義機能が出てきて、手を広げたくみえているので、現状、要件定義機能部分のリーダー役を20名からなる5名のリーダーとしてほしい。 ・そこではメンバーとスケジュール管理を会話しリーダーレベルでいってほしい。そのための別期は「共同ワーク」で一緒にやっていきましょう。
	Bさん	20	URL	25	A効果：リードしてアサイン B効果：プレイヤーとしてアサイン	・期待値としては、プロセスの中で実装のメンバーとして仕事を上げていってほしい。手戻りが多く見られるので、「定点確認」、現状、要件定義機能部分が出来ているのであえずの目指しどころだとして13 ・ここではメンバーとスケジュール管理を会話しリーダーレベルでいってほしい。そのための別期は「共同ワーク」で一緒にやっていきましょう。
	Cさん	15	URI	20	Cプロジェクト、プレイヤーとしてアサイン	・Cさんにはフォローとして入れながら、A効果をリードしてほしい。 ・以前リードしていた実績と比較実績は規模感で難易度が違うがマネージャーと一緒に定期的に、具体的なアクションはAさんとあいつと会話しマネージャーとして、リスク管理、重点的に学習してやりたいと思える案件を、 ・Bさんの成長にも繋がる環境整備となるスキームとは、解決になれるようになることを期待しています。

図6-7-6 関与方針シート-2

氏名	関与方針	業務負荷度（今期の比重）	スキル分布十分	直接関与留意すべきスタンス	最終スタンス	関与方法の詳細	更新日
Aさん	直接	高	不十分	共同ワーク	定点確認	・トライアプルでメンバーを1on1を2on1としてオーナー＋Aさん＋メンバーで行います。	2024/05/01
	直接	高	十分	共同ワーク	定点確認	・毎週月曜日14時〜16時のプロジェクト進捗会を5名連携で行っている	2024/04/02
	間接	不十分	共同ワーク	定点確認	・毎週金曜日のtで業績会議になっている	2024/05/15
Bさん	間接	中	十分	定点確認	お任せ	・毎週火曜日14時〜16時のプロジェクト進捗会	2024/05/15
	間接	低	十分	定点確認	お任せ	・毎週火曜日14時〜16時のプロジェクト進捗会で進捗確認	2024/05/24
Cさん	間接	低	十分	トライ	お任せ	・基本は、Aさん（チームリーダー）に任せて ・Aさんは定点確認、共同ワークで進めていている	2024/05/29

195

第6章 文化を醸成する──「恐怖」と向き合う技術❷

してスキルが十分だと判断して、「定点確認」でよいという判断をします。「毎週火曜日の定例で確認」という具体的な場所も記載してきます。

一方、BさんとCさんは体制的にはチームリーダー配下のメンバーになるため、基本的にはマネージャーの直接関与はなく、**チームリーダーを通した間接関与**になります。

もちろん、チームリーダーであるAさんもマネージャー同様に、Bさん、Cさんに向けての関与方針シートを作成してもよいですし、マネージャーとAさんで認識合わせをしてBさん、Cさんと対話するのでもよいでしょう。

メンバー一人一人と認識を合わせ、「今期あなたをマネージャーにするためにこうした業務にアサインして、私はこういった関与をしていきたい」というように合意をしていきます。

関与方針というピープルマネジメントの型について見てきましたが、これは単に失敗を受け入れることが目的ではなく、チームが常に自己成長し続けるための重要な枠組みです。「もっと高いところへ」「もっと良いプロダクトを作ろう」「開発速度を継続的に高めよう」といった期待値という名の負荷をかけ続けることで、チームのパフォーマンスを高め、ぬるま湯に浸ることなく進化を促します。

また、関与方針を活用することで、日々の課題解決における視座を引き上げ、メンバー個々のキャリア目標に紐付けたサポートが可能になります。このような一貫したピープルマネジメントを行うことで、個々の成長とチーム全体の目標達成を両立させることができるでしょう。

こうしたピープルマネジメントの型を活用することで、メンバーが期待に応えながらも納得感を持って仕事に取り組める環境が整い、チームとしての成長も継続していくのです。

第6章 まとめ

- 失敗を受け入れるマインドセット＝成長型マインドセットを作る
- fail fast（早く失敗）ではなく fail before（事前検死）やUnlearn（学習棄却）を促し、失敗を受け入れて学習する文化を醸成していく
- マネージャーは「失敗」という言葉を言い換え、一人一人に合った話し方でシンプルに継続的に伝える
- 問題がないチームには「失敗できていない」という問題がある
- ピープルマネジメントを体系化してトラッキングしていく

参考文献

- マシュー・サイド著／有枝春訳『失敗の科学』ディスカヴァー・トゥエンティワン、2016年
- 戸部良一、寺本義也、鎌田伸一、杉之尾孝生、村井友秀、野中郁次郎著『失敗の本質──日本軍の組織論的研究』中央公論新社、1991年
- エイミー・C・エドモンドソン著／野津智子訳『恐れのない組織──「心理的安全性」が学習・イノベーション・成長をもたらす』英治出版、2021年
- 今井むつみ著『「何回説明しても伝わらない」はなぜ起こるのか？ 認知科学が教えるコミュニケーションの本質と解決策』日経BP、2024年
- 見城徹、藤田晋著『憂鬱でなければ、仕事じゃない』講談社、2011年
- 長村禎庸「マネージャーの評価基準（シート・動画付き）」https://note.com/nagam/n/n8c3a7126a8e5

第 7 章

プロセスを作る
「恐怖」と向き合う技術❸

第7章 プロセスを作る──「恐怖」と向き合う技術❸

　第5章、第6章に続き、マネージャーが行うべき最後の1つとして「**プロセスを作り上げること**」の意義と意味を述べていきます。構造を動かし、文化を醸成することに成功しても、実際にメンバーと一緒にソフトウェア開発を行うプロセス（フロー）が悪いと開発が手戻りしたり、正しく学習ができなくなります。

7.1 失敗の原因は人ではなく、「しくみ」の欠如

　プロセスを考えるには、まずは失敗の原因が「人」ではなく「しくみ」の欠如にあるととらえる視点からスタートします。第5章で触れたように、失敗を指摘する際には個人ではなく事象を指摘することが重要です。

- 成果を称える際は人を褒め、課題を指摘する際は事象を指摘する
- 褒める場合は「誰から」言われたか、課題の場合は「何を」言われたかが大切

　ここでいう事象とはしくみ、つまりソフトウェア開発におけるプロセスを指します。チームがきちんとプロセスを構築していると、失敗が生じた際に「プロセスに欠陥があった」ととらえやすくなり、**人を責めずに**チーム全体の課題として認識できるようになります。

　トヨタの生産方式における「人を責めるな、しくみを責めろ」という考え方も、失敗が発生した際に人ではなくプロセスやしくみに焦点を当て、改善につなげるべきであるという意味を持ちます。ここで注意したいのは、しくみはルールと異なるという点です。

ルールとしくみの違い

　ルールとしくみは次のように異なります。

- ルール
  特定の行動や手順を定めたガイドライン。たとえば、「コードレビューは他メンバー

2名以上の承認が必要」とするルールなど。ルールは行動を促したり、抑制するために存在し、明確な指示としてメンバーに提供される

- しくみ
ルールが自然に守られるような環境やプロセスを構築するもので、システムが一貫して機能するための全体構造を指す。たとえば、「2名の承認がないとコードがマージされない」という設定。このようなしくみがあると、意図的にルールを破ろうとしても自動的に阻止され、チーム全体が品質基準を守りやすくなる

ルールは行動を制限しますが、しくみはプロセス制御に基づきミスを防ぎ、ルールを自然に守れる環境を提供します。

しくみ＝フィードバック制御で自動制御する

ルールとしくみの違いは、制御理論のフィードフォワード制御とフィードバック制御の概念にも対応します（**図7-1-1**）。

- フィードフォワード制御
望ましい結果を得るために事前に行動を調整する方法で、**ルールに似ている**。たとえば「コードレビューが必要」というルールは、事前に行動を規定し、バグの発生を防ぐ働きを持っている

- フィードバック制御
システムの出力を監視し、その結果に基づいて調整する方法で、**しくみに対応する**。たとえば、「Pull Requestを作成するとコードレビューが自動的に開始され、承認が2名以上でないとマージできない」という設定が挙げられる。こうしたしくみの

図7-1-1 フィードフォワード制御とフィードバック制御

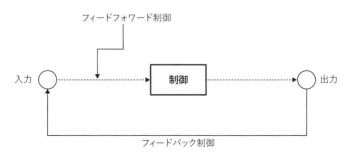

> 第 7 章 プロセスを作る――「恐怖」と向き合う技術❸

制御により、開発者はルールを守ろうと意識しなくても、エラー表示によってマージの要件を意識できる

　このように、**ルールよりもしくみ**を整え、フィードバック制御を活用します。個人の意識に頼ることなくチームの失敗を減らし、プロセスの一貫性が維持されます。失敗の原因を「人」ではなく「しくみ」による制御の不備ととらえることで、チームは失敗を糧とした建設的な改善を進めていくことが可能になるでしょう。

　このようにルールは、「事前に設定された目標を達成するために何をすべきか」を明確に指示します。一方で、しくみは「目標を達成するためにシステム全体がどのように動くべきか」を**自動的に調整する役割**を担っています。ルールとしくみが異なるのは、前者が行動指針としての性格を持つのに対し、後者はその行動を**自然に導く環境を整える**という点にあります。

　人が処理できる情報量には限界があるため、ルールが多すぎると、すべてを記憶し実行するのが難しくなりがちです。そのため、可能な限りしくみで制御を図ることが望ましいでしょう。しくみ化することで、ルールに基づく行動が自動的にシステム内で導かれるため、失敗を減らし、業務が円滑に進むように環境を整えられます。

失敗からの学びを強化させる3つのしくみ

　どういった観点でしくみ化するかを考えるためには、Peter M. Madsen 氏と Vinit Desai 氏による 2023 年の研究「Change at Last, but When Does Change Last? Preserving Attentional Engagement around Past Failures and Their Lessons」が参考になります。この研究は、組織が**過去の失敗を長期的な学びとして維持し**、持続的な成長へと結び付ける方法についての洞察を示しています。組織が過去の失敗を単なる過去の出来事で終わらせず、そこから得た教訓をどのように活かし続けられるかを重要視しています。

■ 注意ベースの理論（attention-based view）

　この研究の理論的枠組みの中心となるのが、注意ベースの理論です。組織のパフォーマンスは、メンバーがどの情報や課題に注意を向け、どのよ

うにリソースを割り当てるかによって大きく影響されるという考え方です。注意が「限られた資源」ととらえられるため、その配分によって組織の意思決定や行動の質が左右されます。

▎注意の関与 (attentional engagement)

研究では、特定の課題や失敗に対してどれだけの注意が持続的に向けられているかを意味する「注意の関与(*attentional engagement*)」という概念も重要視されています。組織が一定の問題に対し、深く、そして長期的に関心を持ち続けることで、表面的な理解を超えて実質的な対策や改善が生まれやすくなります。

▎警戒心 (vigilance)

さらに「警戒心(*vigilance*)」も組織学習のための重要な要素です。これは組織が潜在的なリスクや問題に対して敏感であり続ける能力であり、過去の失敗に対してもこの警戒心を維持することで、同じ失敗の再発を防止し、組織としての学習効果を高められます。

つまり、**注意の関与**(*attentional engagement*)と警戒心(*vigilance*)の両方が持続するしくみを意図的に作り上げ、組織全体でこれをプロセスに組み込むことが、失敗の教訓を将来の成長へとつなげる鍵となるのです。

この研究は、組織が過去の失敗から持続的に学び続けるための理論的枠組みと実践的な手法を提供しています。複雑な失敗への注意、責任の認識、そしてルーティン業務の継続という3つの要素が、組織の教訓を長期的に保持し、成長につなげるための鍵となります。順に説明します。

▎複雑な失敗が学習の保持を強化する

複雑な失敗は、単純なミスとは異なり、詳細な分析と深い理解が求められるため、組織の関心を引きやすく、結果的にその教訓が長期にわたり保持されやすくなります。注意ベースの理論(*attention-based view*)に基づき、**複雑な失敗には持続的に注目が集まるため**、組織が学びを深める機会が増えるのです。言い換えれば、複雑な問題は組織の注目を引く心理的な特性があり、学習が強化される傾向にあります。

> 第7章 プロセスを作る——「恐怖」と向き合う技術❸

■責任の認識が学習を促進する

　組織が失敗に対して**自らの責任を認識している場合**、その失敗に対する関心が高まり、深い反省と学習が促進されます。責任の認識は注意の関与（attentional engagement）を強化し、失敗を学びとして長期に保持する動機付けにもなるのです。組織が自らの失敗を受け入れることで、その教訓を将来の意思決定や行動に活かしやすくなります。これは第4章で述べた「自責思考」にもつながります。

■ルーティン業務の継続が学習の維持に寄与する

　失敗に関連するルーティン業務を日常的に続けることは、組織が過去の失敗の教訓を常に確認できる手段となります。ルーティン業務の継続は、組織が過去の教訓を日常のプロセスに組み込み、同じミスを繰り返すリスクを低減する重要なツールです。注意の関与を日常的に高め、学んだ知識を組織全体で生かすための手法として有効です。たとえば、**失敗プロジェクトの記録**や**障害のポストモーテム**を定例議題にすることで、学習が維持されます。

■継続的な学習を促進するプロセスは「記録」をすること

　Madsen氏とDesai氏の研究が示す3つの要素は、組織が過去の失敗を継続的な成長の源泉とするための考え方です。これらをうまく組み合わせてプロセスを設計することで、組織は一時的な改善にとどまらず、持続的な成長を遂げることが可能です。過去の失敗をただの過去の出来事として終わらせるのではなく**継続的に記録し、組織の基盤となる知識として活用し続けること**が重要になります。

7.2 失敗を正しく記録する

　制御理論に基づいた「しくみ」や注意ベースの理論（attention-based view）を、本書のテーマに置き換えて考えると、「**失敗を正しく記録する**」ことの重要性に気付きます。

失敗を組織の資産にする

　失敗を自動的に正しく記録するしくみを構築することで、前述のようにしくみの欠陥による失敗を責めない文化をはぐくむだけでなく、失敗が自動的にデータとして記録されるため、全員が同じ情報をもとに振り返ることが可能になります。これにより、失敗の再現性が可視化され、同じ失敗を繰り返しにくい構造が生まれます。

　失敗を単なる過去の出来事として忘れるのではなく、価値あるデータとして蓄積し、組織全体で共有することで、役立つ学びとして活用できる土台が築かれます。こうした失敗データは、組織にとっての**資産**にもなります。

　記録においては、人間は嫌なことを忘れがちなので、できる限り自動でデータが収集されるように設計することが理想です。ルールベースの性善説だと、**良い報告だけをする心理的バイアス**がかかりやすいため、ある種のブラックボックスを作り、主観の入りにくい客観的なデータの蓄積を目指します。

観測できないことは改善できない

　ソフトウェア開発において、リソースは有限であり、そのリソース(主に人件費)に影響を受けて「何を作るのか」「どのくらいで作れるのか」が決まります。開発チームとして、どれだけ早く成功する機能や施策を構築し、継続的に提供できるかが必要不可欠な目標です。

　失敗データは、単に失敗した記録だけを残すのではなく、プロセス全体の予測データ、成功データ、失敗データのすべてを格納し、分析可能な状態にすることが求められます。これは、ソフトウェア開発での「予測の失敗」を可視化し、次回に活かすためです。

　Martin Fowler氏の言葉を借りれば、失敗というのは大小あるにしろベースとしては**「予測」の失敗**です。何を作るかを決め、それが成功・失敗したという判断は、予測をして初めて観測(ズレ)ができるデータです。「このKPIが5%向上するだろう」という予測があり、それを上回ったか、下回っ

たか。開発でいえば、見積り・目標スケジュールどおりに開発が終わったか、延長したか、それとも人件費を追加投入して目標スケジュールには間に合ったが人件費はオーバーしたか、といった予測と実績のズレです。

つまり、そもそも**予測していないと成功も失敗**もありません。意外にも「そもそも予測していない」というケースは昨今の開発現場では多く存在します。アジャイルの概念によって「納期が必要ない」という考えが多くの現場で観測されるようになり、ひたすらにベストエフォート（できる限りの努力）で開発を進め、自分たちの実力を振り返らないチームが多くなってきました。

言うまでもなく、予測しなくても、売上が上がっている・下がっている、資金がショートしたという事実は企業として観測できます。その事実を受け止める前に、その因果関係・相関関係を示すためにも予測と実測データが必要となり、予測→結果→改善を振り返っていきます。

科学的アプローチとして「観測できないことは改善できない」という言葉もありますが、まずは観察対象とする必要があります。そのためには対象プロセス（フロー）を**構造化し、トラッキングしてデータに落とし込んでいく**ことが必要です。あとはそのデータをもとに分析→改善を回します。

ここからの2節では、ソフトウェアの開発生産性における失敗・成功データと、仮説検証の失敗・成功のデータをどう観測し、記録していくかを次の2つの視点から見ていきます。

- ソフトウェア開発の工数予測と実測のデータ
- 仮説検証の失敗・成功のデータ

7.3 ソフトウェア開発の工数予測と実測のデータ

まず、私たちにとって一番身近な「チーム開発」に関するデータから見ていきます。観測するデータを2つに分けてみます。

7.3 ソフトウェア開発の工数予測と実測のデータ

図7-3-1 リードタイムとスループット

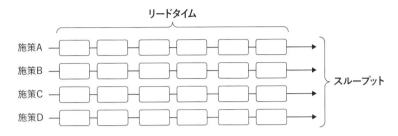

- リードタイム的なデータ
- スループット的なデータ

チーム開発の生産プロセスを分解して考えると**図7-3-1**のようになります。

開発プロセスを効果的に観測するためには、「リードタイム」と「スループット」の視点で分析することが役立ちます。

- リードタイム
  横軸で見ていき、各開発案件のバリューストリーム（例：企画→設計→開発→QA→リリース）を指す
- スループット
  開発組織の総費用や総工数にあたるもの。たとえば、開発にかける予算を通期で見たとき、スループットを把握することは生産性向上に直結する

リードタイム視点でのプロセス改善

リードタイムの視点で開発プロセスをトラッキングして改善する方法としては、バリューストリームマッピング（*Value Stream Mapping*：VSM）の活用が挙げられます。VSMは、もともと日本のトヨタ生産方式を研究して体系化したリーン生産方式（LPS）の中で生まれたもので、「モノ」と「情報」の流れを可視化して無駄を明らかにするプロセス図です。

たとえば、あるECサイトで「会員登録機能」を実装する場合、以下のようにプロセスが流れます。

第 7 章 プロセスを作る──「恐怖」と向き合う技術❸

図7-3-2 VSM

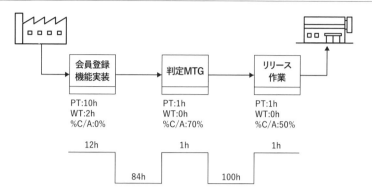

- 承認ミーティング
  リリースするかの判断を行う
- リリース作業
  必要な確認や調整を行う
- 機能デリバリ
  最終的にユーザーへ機能を提供する

この一連の流れを図示することで、ムダや改善すべきプロセスが視覚的に明確になります（**図7-3-2**）。

プロセスとして会員登録機能の実装には10時間（PT）かかっており、判定MTGと呼ばれるステークホルダーに対しての機能レビューが1時間あり、開発が完了しているのにもかかわらず、このプロセスに到達するのに84時間かかっています。かつ判定MTGで手戻りが70％（%C/A）あります。こう見ると、判定MTGを改善したくなります。

これをステークホルダー含めて全員が一緒に描いていくことで、改善点という名の失敗ポイントが明確に伝搬され、次のプロジェクトの改善が進めやすくなります。

VSMは失敗の記録には向かない

ただし、VSMには一点問題があります。プロセスの**トラッキングが手動になりがち**で、さらにその結果が一時的なスナップショットになる点です。

図7-3-3 リードタイムとプロセスタイム、サイクルタイム

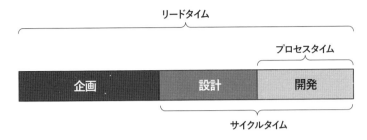

つまり、継続的な記録として運用することには向きません。

　すべてのプロセスにかかる時間を計算するのにどうしても時間がかかったり、自分たち（たとえば開発チーム）以外のステークホルダーのプロセスを把握するにはメンバーを集めて開催しなければいけません。そのためメンバーを集められなければ一部がブラックボックスになることが多く、毎回の施策ごとのVSMを作ったりするのが時間的にも労力的にも難しくなります。多くのチームは1回作って終わりになるでしょう。そうなると自然と自分たちの操作可能プロセス（プロセスタイムやサイクルタイム）しか関心がなくなり、全体のリードタイムを考えれば本当は前半の企画部分に失敗ポイントがあるにもかかわらず、自分たちのプロセスタイムしか改善しないという事象が起きます（**図7-3-3**）。

　また、どうしても手動になるケースが多く、正確性に欠けます。前述したとおり、できるだけプロセスはフィードバック制御を意識して、ブラックボックスとなる主観や手動が入らないように自動化（しくみ化）していきます。

財務諸表に近い開発生産性データをトラッキングする

　現時点で、筋が良いやり方と考えるのは、**財務諸表と開発データ**を接続することです。

　多くの企業ではソフトウェア開発は企業の「ソフトウェア資産」として財務諸表に計上され、通常は「ソフトウェア仮勘定」として費用を一時的に蓄積します（**図7-3-4**）。この仮勘定には、プロジェクトごとの**勤怠や工数**、

第7章 プロセスを作る──「恐怖」と向き合う技術❸

図7-3-4 資産計上フロー

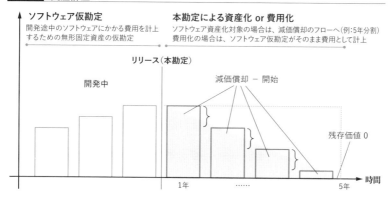

給与単価に基づいたコストが含まれます。ソフトウェアが完成して稼働を始めた時点で「ソフトウェア資産」として正式に計上されます。これは将来的に企業の成長に寄与する資産としての価値を持つためです。

つまり「この機能開発にこのぐらいの工数と実額をかけて作った」という事実が乗っかってきます。これを開発生産性のデータとして利用できないかというアプローチです。

また、ソフトウェア開発には、財務諸表(バランスシート)上、「資産化」するものと「費用化」するものの区分があり、財務諸表には資産として計上される部分のみが反映されます。たとえば、プロダクトの新規開発やリファクタリング、リプレイスなどは「資産化」される一方、日常的な運用のためのミーティングや障害対応などは「費用化」され、即時コストとして処理されます。資産化されたソフトウェアは、企業のバランスシートに無形資産として記載され、長期にわたり減価償却を通じて費用として認識されるため、短期的な収益への負担を和らげ、ソフトウェアの使用寿命に応じた費用処理が可能となります。

■減価償却と資産価値

資産化されたソフトウェアの価値は通常3年から5年で減価償却され、開発に要したコストが徐々に費用として認識されます。たとえば、1億円をかけて開発したシステムが5年で償却される場合、毎年約2,000万円が費用として計上されます。実際にかかった1億円のコストを一度に計上せず、

期間ごとに分散させていくことで企業の収益に与える影響を平準化します。

■資産化と費用化の実務的区分

一方、費用化されるコストには、ソフトウェアの資産価値向上には直結しないものが含まれます。プロジェクト進行を円滑に進めるための会議費用や障害対応などです。こうした区分によって、組織は開発コストを管理しつつ、将来的な投資としての資産価値と現在の運用費用をバランス良く計上できるのです。

ソフトウェアを作る開発チームとしては、できる限り資産価値を向上させる作業(クリエイティブな作業)に時間を割き、ムダな会議や運用コストをなくすことが、開発生産性データとしても財務諸表としても良い結果を作ります。

■プロジェクトコードと工数をデータストアに連携する

話を戻すと、こうした財務諸表のデータは、管理するにあたって必ずデータベースに保存されます。それらを分析しやすいデータストア(BigQueryなど)に連携すれば、立派な**ソフトウェア開発の工数予測と実測値のデータ**になります(**図7-3-5**)。

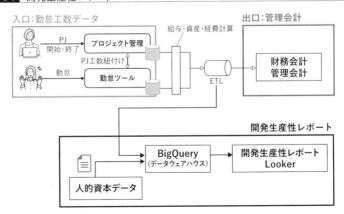

図7-3-5　開発生産性レポート

第7章 プロセスを作る——「恐怖」と向き合う技術❸

図7-3-6 開発プロセスとプロジェクトコード

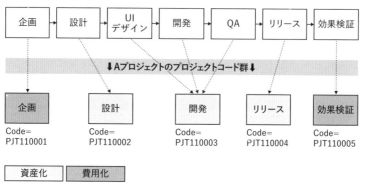

入口として勤怠と工数入力を紐付けます。プロジェクトコードを発行し「今日一日どのプロジェクトコードに何時間作業したか」を入力してもらうフローを取っている会社が多いでしょう。そのため**プロジェクトコードの設計**が大事になってきます。

プロダクトチームによってプロセスは変わりますが、たとえば、大まかに次のプロセスを踏んでいるチームがあったとします（**図7-3-6**）。

- 企画
- 設計（PRD/DesignDoc）
- UIデザイン
- 開発
- QA
- リリース
- 効果検証

この工程ごとにプロジェクトコードを発行していきます。これで勤怠とプロジェクトコードを紐付けることがシステム的に可能になります。

こうしたプロセスをトラッキングする際に注意すべきは、細かくプロジェクトコードを分けすぎると、メンバーがプロジェクトコードを付ける作業が難しくなってしまうことです。小規模なものは「企画」「開発」の2つ、中規模以上は「企画」「設計」「開発」の3つに分けます。少しでも入力の手間

を削減するために、Googleカレンダーと勤怠管理ツールを連携し、カレンダーに予定があれば自動でプロジェクトコードが紐付くしくみなども導入します。

■ **プロジェクトごとに工数分布を分析していく**

これをデータ連携し（BigQueryなど）、分析すると、工程ごとの工数傾向が見えてきます。

たとえば**図7-3-7**でいうと、プロジェクトAがある程度規模が大きい「決済系関連のプロジェクト」だとします。データを見ると、開発工程の数値が多いのは当然ですが、決済基盤で不具合を起こすと影響範囲が大きいため、冪等性の担保や異常系のテストなどの設計に2人月がかかっていることがわかります。逆に、プロジェクトBが身軽な仮説検証（ボタンの位置を変えるなど）だとすると、ほとんど設計に時間をかけることもなく開発に入れます。

次のスループット的なデータは、いわゆる事業の売上に対して開発組織にかけるコストをトラッキングするやり方です。事業責任者が気にしているのは、今の事業規模に対して**開発費用が妥当なのか**と、売上目標として今期の200％成長を目指す中で開発組織にかけるコストは今よりも**どのぐらい増やすべきなのか**です。

データとしては前述した財務諸表のものを使えば問題ないでしょう。ポイントは次の2点です。

図7-3-7 プロジェクトごとの工数

プロジェクト	プロジェクトコード	工程	3月 人月	3月 人数	4月 人月	4月 人数	5月 人月	5月 人数	合計工数	合計金額	計上対象
プロジェクトA	PJT110001	企画	3.0	4	0.0	0	0.0	0	3人月	2,250,000	費用化
	PJT110002	設計	0.0	0	2.0	2	0.0	0	2人月	1,500,000	資産化
	PJT110003	開発	0.0	0	3.9	3	5.0	6	8.9人月	6,675,000	資産化
	PJT110004	リリース	0.0	0	0.0	0	0.1	1	0.1人月	75,000	資産化
	PJT110005	効果検証	0.0	0	0.0	0	0.5	2	0.5人月	375,000	費用化
		合計							14.5人月	10,875,000	
プロジェクトB	PJT120001	企画	0.5	1	0.0	0	0.0	0	0.5人月	375,000	費用化
	PJT120002	設計	0.0	0	0.1	2	0.0	0	0.1人月	75,000	資産化
	PJT120003	開発	0.0	0	0.0	0	0.5	3	0.5人月	375,000	資産化
	PJT120004	リリース	0.0	0	0.0	0	0.1	1	0.1人月	75,000	資産化
	PJT120005	効果検証	0.0	0	0.0	0	0.5	1	0.5人月	375,000	費用化
		合計							1.7人月	1,275,000	

第7章 プロセスを作る——「恐怖」と向き合う技術❸

- 対象のチームや部門が使った総工数（月別）とコスト、雇用形態といった従業員データ
- どんな開発区分に工数を使ったか（内訳）

この2つをメインにモニタリングしながら観測します。

■総工数（月別）とコスト、雇用形態といった従業員データ

1つ目は全体感を把握するためのデータです。

たとえば、毎月どのぐらいの工数を使っているのか、それをどんな開発（プロジェクトコード）に使っているのか、そのコストはいくらか。正社員と業務委託の割合や役職者ごとの工数割合なども観察してもよいでしょう（**図7-3-8**）。たとえば、チーム全体を見たときに人数は多いが、マネジメントレイヤが多く開発者がそもそも少なく開発の進捗が悪いケースや、リーダーにはもっとマネジメントをしてほしいが開発作業への投入工数が多く、チームがうまく回っていないケースも観測できます。

図7-3-8 開発区分と投入工数

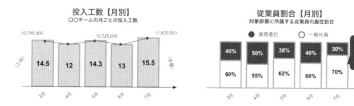

7.3 ソフトウェア開発の工数予測と実測のデータ

■どんな開発区分に工数を使ったか（内訳）

2つ目は、スループット的なデータとして開発の内訳を見ていきます（**図7-3-9**）。

本来、開発組織は前述した資産化するものに多くの開発コストをかけたいはずです。資産価値を上げる開発を行い、それが積分的に事業への貢献を果たします。一方、費用化することは資産価値を上げないので、ソフトウェア開発としてはできるだけ減らしたいです。

蓋を開けてみると、多くの開発チーム（特に長く残っているプロダクトに関わるチーム）では保守運用に大きな時間が割かれていたり、ミーティングの時間が多かったりします。理由はさまざまありますが、技術的負債が多い、かつシステムへの依頼・相談事項が多く、リプレイスやリファクタリングに大きく時間がさけないことも多いでしょう。

スループット的なデータの勘所は、事業に対しての開発コストを考えることですが、**人件費を減らすことではありません**。できるだけ**費用化する作業を減らしていって、資産価値を上げるクリエイティブな開発に時間を割く環境を作る**ことです。

開発コストの内訳を確認し、資産価値を上げていない箇所を最適化します。

図7-3-9 開発の内訳

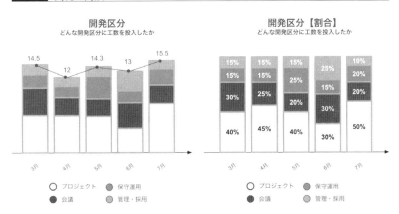

第7章 プロセスを作る——「恐怖」と向き合う技術❸

たとえば、以下の工程を最適化するとよいでしょう。

- 開発中：イニシャルコストの削減。開発生産性を上げられる箇所はないか
- ミーティング：ムダな会議はないか
- 保守運用：ムダな作業、自動化できる作業はないか

「いまの開発チームは優秀なのか？」という疑問には2種類ある

事業責任者やPdM（プロダクトマネージャー）からの「今の開発チームは優秀なのか？」という問いは、組織の開発パフォーマンスへの不安から生まれるものです。開発プロセスの**リードタイム**と**スループット**のどちらを指しているのかを明確にすることで、誤解や無駄な不信を解消できます。

リードタイム視点の「優秀さ」

事業責任者やPdMが開発組織について不安に感じるのは、狙ったタイミングでプロダクトがリリースされないことです。決めたタイミングでモノが出てこないことで、リードタイムに問題があるのではないかと思われるケースです。この場合、リードタイムの問題としては、PdMの要件定義や仕様決定の段階での遅れが原因であることも多く、開発そのものよりも前工程で時間がかかっていることが原因であることも少なくありません。

たとえば、「この施策のリリースが遅れている」と指摘された際、実際にはQAのテスト工程ではなく、開発に入る前の要件整理に時間がかかっていることも考えられます。このようなケースでは、全体のプロセスを振り返り、どのフェーズで遅れが生じたのかを確認し、問題の箇所を明確にすることで、適切な改善が可能になります。

スループット視点の「優秀さ」

一方で、事業責任者やPdMがスループット、つまり開発にかける総コストに焦点を当てている場合もあります。たとえば、技術的負債が多く、通常業務の大部分がメンテナンスや修正作業に費やされ、新規開発に割けるリソースが少ない場合、スループットの改善が必要です。このような場合は、現状のリソース配分や負債の解消に向けた施策について、PdMや事業

7.3 ソフトウェア開発の工数予測と実測のデータ

図7-3-10 予測と実測

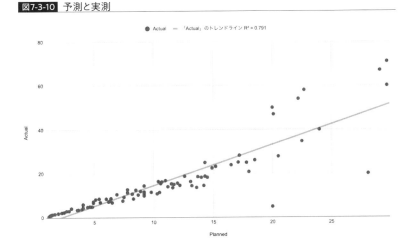

責任者と健全な会話が求められます。

「優秀な開発チーム」を判断する際には、こうしたリードタイムとスループットの視点を区別して、開発プロセスのどこに問題があるかを明確にし、改善策を全員で共有することが重要です。

■ズレの傾向値を共有する

たびたび本書で取り上げる「**見積りのズレ**」も、このデータを用いて解決できます。それは自チームの**工数予測と実測値の傾向を共有すること**です。

工数データをトラッキングしていく過程で、さまざまな施策とプロジェクトの工数データの実測値がたまってきます。これを計画工数(予測)と実測でプロットして散布図を作ります。

チームや扱っているプロダクトによって傾向は変わります。**図7-3-10**のようなチームであれば、**20人月を超えたあたりから精度が低くなる**という傾向がわかります。これにより、エンジニアも含めて組織全体が**20人月を超えるプロジェクトがあれば、ある程度バッファを考えておくべきである**という共通認識が取れます。

第7章 プロセスを作る——「恐怖」と向き合う技術❸

類推見積りを導入する

　傾向値を提供すると同時に、開発チームは良い予測を作り出すアプローチとして「**類推見積り**」を導入します。ソフトウェア工学として予測を作り出す見積り方法はたくさんありますが、大きく2つのアプローチがあります。ストーリーポイントによる架空の単位での見積りと、時間での見積りです。

▌迅速に見積れる類推見積り

　類推見積りは、過去の類似プロジェクトのデータを参考にした時間の見積りで、チームの経験と実績に基づいて予測を立てる手法です。この手法は記録が蓄積されるほど正確性が増し、また**迅速に見積りが行える**点が特徴です。特に規模が大きいプロジェクト（1人月以上）ではその効果が顕著になります。

　過去プロジェクトとの類似性を見極めることが重要です。具体的には、以下のような要素で過去のプロジェクトと比較します。

- 業務ドメイン（例：決済系システム）
- 使用する技術や担当領域（フロントエンド、インフラなど）
- チームメンバーのスキルレベル（担当者のスキルグレードや単価）

　これにより、より正確な見積りを行い、次のプロジェクトに役立てることができます。

▌ほかの見積り手法との違い

　ストーリーポイントでの相対見積りも経験に基づいた見積りではありますが、**ストーリーポイントはチームごとに異なる解釈を持つ独自の単位**であり、異なるチーム間では意味が変わってしまう可能性があります（**図7-3-11**）。この手法は一般的に「ボトムアップ見積り」と呼ばれ、詳細なタスクの分解と合算によって予測を立てるため、スプリントプランニングに時間がかかる場合もあります。

　一方、類推見積りは過去のプロジェクトと比較するため、一定規模のプ

7.4 仮説検証の失敗・成功のデータ

図7-3-11 類推見積りとストーリーポイント

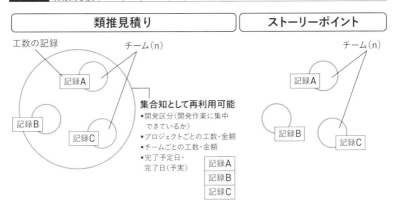

ロジェクトではより迅速に見積りを行うことが可能です。さらに、チーム間で工数という共通単位を使ってデータが蓄積されていくため、精度も向上します。これらの記録はBigQueryなどのSQLベースのデータベースに蓄積されると、分析にも柔軟に対応でき、より高い予測精度を得られるようになります。

7.4 仮説検証の失敗・成功のデータ

　失敗を正しく記録するという観点でもう一つ必要なのは、開発したものをユーザーに使ってもらい、本当に価値があったかを判断する仮説検証のデータです。

　ソフトウェア開発・プロダクト開発は作ったら終わりではありません。ユーザーの目に触れ、ログデータとして蓄積し、狙ったKPIの予測改善幅を満たしているかを失敗と成功に区分し、学習サイクルを回していきます。

　正しいデータをためるには構造化する必要があるため、仮説検証の全体像を把握しておきます（**図7-4-1**）。

第 7 章 プロセスを作る――「恐怖」と向き合う技術❸

図7-4-1 仮説検証の全体像

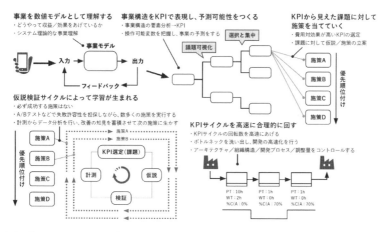

出典：『DMM.comを支えるデータ駆動戦略』

以下のステップに沿って説明します。

- ステップ1：事業やサービスをシステム思考で**構造化**していく
- ステップ2：構造化したものをKPIモデルに落とし込み、事業の勝ち筋が予測できる**変数**を理解する
- ステップ3：勝ち筋の変数に対して仮説を考え、施策に優先順位をつけて**学習サイクル**を回す

ステップ1：事業やサービスをシステム思考で構造化していく

まず、事業やサービスがどういったビジネス構造になっているかを理解するところから始めます。

できれば、科学的アプローチのほうが後述するKPIモデルへの変換が簡単になるので、**システム思考**で考えていきます。システム思考とは、物事をシステムとしてとらえ、その構成要素が相互にどのように影響し合うかを理解するアプローチです。システム思考では、個々の要素だけでなく、それらが組み合わさって形成される全体の挙動やパターンを重視します。これは、複雑な問題やシステムの理解と解決において、単なる部分の分析

では不十分であることを強調するものです。

　システム思考の基礎には、一般システム理論（General Systems Theory：GST）が存在します。一般システム理論は、ルートヴィヒ・フォン・ベルタランフィ氏が提唱した理論です。**自然界や社会、技術システムなどのあらゆる分野に共通する構造や法則**を抽出し、これらを一つの統一的な枠組みで説明しようとするものです。ベルタランフィ氏は、システムを「相互作用する部分の集合」として捉え、それが単純な部分の総和以上の性質を持つことを強調しました。

　一般システム理論を理解すると、システム思考の理解が進むため、一般システム理論の理解をお勧めします。なぜならシステム思考は、まさに一般システム理論の実践にほかならないからです。簡単に一般システム理論を説明すると、以下のような基本概念を提示します。

- 相互依存性：システム内の要素は互いに依存し合い、単独では機能しない
- 全体性：システムは部分の総和を超える特性を持つ。すなわち、システムの挙動は、個々の部分だけでは説明できない全体的な性質に依存する
- 階層性：システムはサブシステムから成り立ち、それらのサブシステムもさらにサブサブシステムに分解できる。この階層性を理解することで、複雑なシステムを管理しやすくなる
- 開放性：システムは外部環境との相互作用を通じて存在し、進化する。閉鎖的なシステムは存在せず、常に外部からの影響を受ける

　これらの概念は、システム思考の核となる考え方でもあります。システム思考では、システムの全体像を理解するために、個々の部分の相互作用やフィードバックループを分析します。一般システム理論に基づくこのアプローチにより、システムの動態や予測不可能な結果の理解が可能となり、複雑な問題に対する効果的な解決策を導き出せます。

　一般システム理論をシステム思考に変換し、事業を考えるということは、簡単にいえば、入力（input）は何で構成されて（例：ヒト・モノ・カネ）、その入力によって事業モデルがどういった処理を行い、出力（output）されるか（例：売上・利益）を考えることです。それを表現のプラクティスに落とし込んで、「**カスタマージャーニー**」や「**ユーザーストーリーマッピング**」を作り、ユーザーがサービスを利用するうえでの流れを把握していきます。

ステップ2：構造化したものをKPIモデルに落とし込み、事業の勝ち筋が予測できる変数を理解する

そうしたサービスの構造的理解から、**KPIモデル**へ落とし込みます。要素としては、KPI（*Key Performance Indicator*）、KGI（*Key Goal Indicator*）、CSF（*Critical Success Factor*）の各概念を理解することが重要です（**図7-4-2**）。仮説検証の目標達成に向けた重要な指標や要因を定義し、測定・管理するためのフレームワークです。

KGIは事業が最終的に達成すべき目標や成果を測定する指標です。KGIは長期的な目標に直結し、企業全体の成功を定義します。たとえば、売上目標、利益率、マーケットシェア、顧客満足度などがKGIです。KGIはビジネスのゴールそのものであり、戦略的な意思決定の成否を評価するための最も重要な指標です。

CSFは、KGIを達成するために必須となる重要な要因や活動を指します。CSFは成功のために不可欠な条件や要件を明確にし、それを達成するための具体的な行動を促します。具体的にはKPIの論理的な要素説明になることが多いです。

KPIは、CSFを達成するために必要なプロセスや活動の進捗を測定する指標です。日々の仮説を検証するための施策の進行状況を監視し、KGIに向けた進捗状況を確認するために使用されます。KPIは具体的で定量化可能なものです。

図7-4-2 KPIモデル

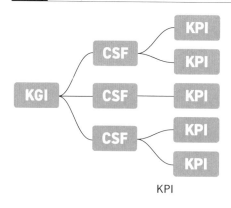

KPI

まとめると以下のとおりです。

- KGI：事業やサービスが最終的に達成すべき目標（「何を達成したいか」）
- CSF：KGIを達成するために必要な重要な要因や活動（「何が成功に不可欠か」）
- KPI：KGIを達成するためのプロセスや活動の進捗を測定する指標（「どのように達成するか」）

概念を理解し、組織内で適切に実践することで、戦略的目標の達成に向けた具体的な計画を立て、実行することが可能になります。

たとえば、ECサイトを運営しており、1日の売上を1,000万円にするといったKGIの目標があったとします（図7-4-3）。それを達成するには、CSFは1日のサイト訪問数をどれだけ伸ばす必要があるのか（1日の訪問数）、その中でどのぐらいのユーザーが購買してくれるか（購買率）、それとも1ユーザーあたりの平均購入額を上げる必要があるのか（1人あたりの平均購買額）といったいくつかの要因（CSF）が考えられます。そして、CSFをKPIとして数値に落としていきます。

たとえば、売上が1,000万円以上になるためには、CSFである1日の訪問者数が10万人必要で、そのうち購買してくれるユーザーが1万人（購買率10%）必要で、そのユーザーの平均購入額が1,000円であれば目標が達成できるとします。

これらを現状の数値と比較して、足りない分が目標数値になります。

図7-4-3 KGI、CSF、KPI

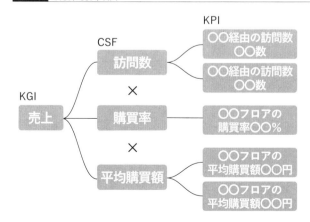

第7章 プロセスを作る──「恐怖」と向き合う技術❸

図7-4-4 施策優先度

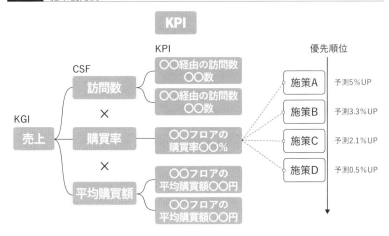

　1日の売上が現状600万だとしたら、残り400万、数値をどう上げていくかを考えます（**図7-4-4**）。1日の訪問数を上げるのか、購買率を上げるのか、平均購買額を上げるのかを考えます。ターゲットとなるユーザー数を取りきっているならば、訪問数を増やすより、クーポン施策などを通して訪問数に対する購買率というKPI数値を上げるほうが勝ち筋がありそうです。

ステップ3：勝ち筋の変数に対して仮説を考え、施策に優先順位をつけて学習サイクルを回す

　そうした形で、施策を予測とともに優先順位として並べ、BMLループをもとに仮説検証→学習のサイクルを回します。
　ここまで来れば事業サービスを構造化できているので、次は、事業の可観測性を意識した「観測」のイメージをつけていきます。
　ユーザーの行動をログデータとして出力し、「データ」で表現します。これを実現するには、単に事業を作るだけでは難しく、事業を意図的に**記録**する必要があります。ECサイトであれば、どこからサイトに訪問して来て、どのようなワードをサイト内で検索をして、どのページを開き、どこまでページをスクロールしたかといった行動を点として捉え、追跡可能にします。ミクロな行動を「点」とし、点と点をつなぎ合わせることで、ユーザーのサイト内の行動をミクロからマクロまでつなげていきます。

7.4 仮説検証の失敗・成功のデータ

図7-4-5 ログデータ

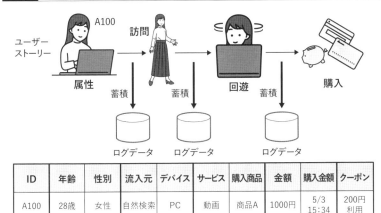

ID	年齢	性別	流入元	デバイス	サービス	購入商品	金額	購入金額	クーポン
A100	28歳	女性	自然検索	PC	動画	商品A	1000円	5/3 15:34	200円利用

　記録のアプローチの1つとして、ソフトウェアエンジニアリングという観点では、サービスのあらゆる挙動をソースコードで表現する方法があります。

　トラッキングというしくみで記録していきます。サービスの中でユーザーがどのような行動をしたかを追跡するイメージです。その結果が「ログデータ」と呼ばれるデータとして出力され、保存されます（**図7-4-5**）。可視化したい指標をもとにトラッキングすることで、ログデータが蓄積され、ユーザーがサービスの中でどのように回遊し、購入に至ったかを一連の動作としてプロットできます。

　こうしたデータを可視化して、組織がデータを見ながら仮説の失敗・成功をモニタリングできるようにダッシュボードを整える必要があります（**図7-4-6**）。

　たとえば、ECサイトで使える既存のクーポン（Aパターン）にプラスして、新たなクーポン（Bパターン）を発行し、購買率向上のKPIを既存クーポンよりも「**+5%**」上げたいとします。

- 仮説は何か
- 指標は何か（改善したい指標）
- そこから学習したいことは何か

第7章 プロセスを作る——「恐怖」と向き合う技術❸

図7-4-6 ダッシュボード

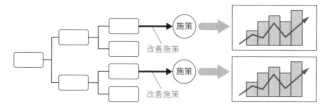

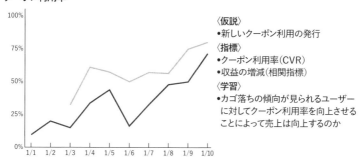

日付	1/1	1/2	1/3	1/4	1/5	1/6	1/7	1/8	1/9
A	10%	20%	15%	13%	31%	23%	21%	13%	18%
B	−	−	16%	7%	25%	20%	13%	15%	10%

　図7-4-6を見ると、仮説が当たることが少なく、「+5％」を目指していたにもかかわらず、既存パターンよりも数値的に負けることもしばしばあります。こうしたケースに備えて「しくみ」のひとつとしてA/Bテスト基盤があれば、まず一部ユーザー（10％）にA/Bテストをします。それでうまく行けばユーザー数を50％にしたりしながら売上影響を最小限にするということも可能になります。こうした**失敗が許容できる環境**があれば、挑戦しやすく失敗しても売上影響がないようにできます。

　本書のテーマである「失敗の恐怖と向き合う技術」という観点でいえば、第5章、第6章で述べたように構造を動かして失敗を受け入れるマインドを作り、本章（第7章）の失敗を記録することで失敗をコントロールできるプロセスを構築すれば、「何を狙って仮説を考え、施策を作り、その結果がどういう状態であれば失敗なのか、そこからどう学んでいくか」が**しくみ**として提供できます。

7.4 仮説検証の失敗・成功のデータ

第7章 まとめ

- 失敗の原因は人ではなく、「しくみ」の欠如ととらえる
- 失敗を正しく記録することで、予測が可能になる
- 工数予測と実測値の予測は、開発に集中できる環境作りにも使える
- 仮説検証の失敗を正しく検知できるように、事業を構造化して検証結果をデータで学習できるようにする

参考資料

- Peter M. Madsen and Vinit Desai「Change at Last, but When Does Change Last? Preserving Attentional Engagement around Past Failures and Their Lessons」https://journals.aom.org/doi/abs/10.5465/amj.2022.0391?journalCode=amj
- 石垣雅人著『DMM.comを支えるデータ駆動戦略』マイナビ出版、2020年
- 石垣雅人「開発生産性の現在地点〜エンジニアリングが及ぼす多角的視点」https://speakerdeck.com/i35_267/current-status-of-development-productivity
- 石垣雅人「技術負債による事業の失敗はなぜ起こるのか」https://speakerdeck.com/i35_267/why-do-business-failures-due-to-technical-debt-occur
- 石垣雅人「クリエイターがクリエイティブであるためにDMM VPoE室が実践する「生産性」の可視化とは」https://creatorzine.jp/article/detail/4876

付録

ソフトウェア開発の失敗「20」の法則

A

▶付録 ソフトウェア開発の失敗「20」の法則

　本書では、間違った失敗の概念・原因から始め、それを正しい失敗に転換させる方法をマネジメントや開発プロセスの観点から紹介しました。
　最後に付録として、先人たちが残したソフトウェア開発の「失敗の法則」を**20個**紹介します。法則とは便利なもので、自分の身の回りで起こったことに法則性があり、名前が付いていれば、言語化してほかのメンバーと簡単に共有できます。第6章で述べたSECIモデルでいう「形式知」がすぐにできるのがよいところです。
　チームの中で課題を発見したり失敗が起こったとき、これらの法則が頭の片隅にあり、形式知の手助けとなれば幸いです。

プロジェクトの失敗率は、約68%

まずは世の中のソフトウェア開発プロジェクトの失敗の割合を確認しましょう。データとしては、東証上場企業とそれに準じる企業を対象とした「企業IT動

図a-1　規模別の工期遵守状況

規模	年度	予定どおり完了	ある程度は予定どおり完了	予定より遅延
100人月未満	23年度(n=732)	32.8	51.2	16.0
	22年度(n=729)	32.4	50.3	17.3
	21年度(n=815)	34.4	49.6	16.1
	20年度(n=829)	39.1	43.4	17.5
	19年度(n=713)	45.6	39.7	14.7
	18年度(n=814)	41.9	42.8	15.4
	17年度(n=781)	45.1	41.1	13.8
	16年度(n=756)	50.3	35.4	14.3
	15年度(n=776)	35.2	47.3	17.5
	14年度(n=827)	48.9	36.2	15.0
100〜500人月未満	23年度(n=378)	17.2	52.1	30.7
	22年度(n=377)	16.2	52.5	31.3
	21年度(n=418)	17.7	50.7	31.6
	20年度(n=491)	22.0	44.8	33.2
	19年度(n=379)	29.3	42.0	28.8
	18年度(n=414)	25.6	44.2	30.2
	17年度(n=377)	28.9	48.5	22.5
	16年度(n=346)	35.3	39.6	25.1
	15年度(n=368)	21.5	43.8	34.8
	14年度(n=338)	31.4	39.1	29.6
500人月以上	23年度(n=230)	13.0	35.2	51.7
	22年度(n=241)	14.1	34.0	51.9
	21年度(n=252)	13.9	40.1	46.0
	20年度(n=310)	15.8	33.5	50.6
	19年度(n=238)	21.4	32.8	45.8
	18年度(n=239)	23.4	32.6	43.9
	17年度(n=246)	25.2	26.8	48.0
	16年度(n=200)	29.5	26.0	44.5
	15年度(n=215)	21.9	35.8	42.3
	14年度(n=184)	25.5	26.1	48.4

出典：図表8-1-1 プロジェクト規模別・年度別システム開発の工期遵守状況
https://juas.or.jp/cms/media/2024/04/JUAS_IT2024.pdf

プロジェクトの失敗率は、約68%

向調査報告書2024」(一般社団法人日本情報システム・ユーザー協会(JUAS))を見ます。4,500社を対象とした調査で、有効回答数は976社です。「工期」「予算」「品質」の3つのカテゴリに分け、プロジェクト規模を「100人月未満」「100~500人月未満」「500人月以上」で分類し、それぞれが予想どおりに完了した割合は**図a-1**のとおりです。

図a-1に示したのは「工期」のみですが、2023年度の100人月未満のプロジェクトについて「予算」「品質」も合わせて見てみます。

- 工期に関して、予定どおりに完了した割合：32.8%
- 予算に関して、予定どおりに完了した割合：38.7%
- 品質に関して、予定どおりに完了した割合：24.0%

3つの割合の平均すると、おおよそ31.8%です。逆にいうと、何かしらの原因で満足いかない可能性が**約68%**あるということです。工期が「100人月未満」→「100~500人月未満」→「500人月以上」と増えるごとに、数値が悪化していきます。もちろん、事業環境の違いや目標とする工期・予算・品質の違いはあるにしろ、自身の経験と照らし合わせてもあながち間違っていないと思っています。

原因としては、「計画時の考慮不足」や「想定以上の現行業務・システムの複雑さ」といった既存システムの複雑性が挙げられます(**図a-2**)。こうした失敗には本付録で紹介する「失敗の法則」が少なからず絡んでおり、それを知っておくことで失敗を振り返ったり、事前に防ぐことができるかもしれません。

図a-2 予定どおりにならなかった要因(工期)

要因	23年度(n=267)	22年度(n=284)
計画時の考慮不足	47.2	51.8
仕様変更の多発	39.0	41.2
想定以上の現行業務・システムの複雑さ	51.3	47.9
想定外の外的要因	21.0	18.3
社員のスキル不足	40.4	36.6
ベンダーのスキル不足	34.8	32.0
開発体制のリソース不足	35.6	34.5
その他	1.9	3.2

出典：図表8-1-4 予定どおりにならなかった要因(工期)(複数回答)
https://juas.or.jp/cms/media/2024/04/JUAS_IT2024.pdf

付録 ソフトウェア開発の失敗「20」の法則

頭の片隅に置いておく「20」の法則

　紹介する「20」の法則は以下のとおりです。プロジェクト管理・マネジメント、品質管理・リスク管理、組織構造・設計原則の3つのカテゴリに分けて紹介します。なお、本付録では、逆引き的に使えるように要点のみを箇条書きでまとめます。詳しい情報については参考文献をぜひご覧ください。

❶ブルックスの法則
❷パーキンソンの法則
❸90対90の法則
❹パレートの法則（2：8の法則）
❺ホフスタッターの法則
❻リンカーンの法則
❼マーフィーの法則
❽ハインリッヒの法則（1：29：300の法則）
❾割れ窓の法則（ブロークンウィンドウ理論）
❿ヒックの法則
⓫ヤクの毛刈り（*yak shaving*）
⓬ジョシュアツリーの法則
⓭ピークエンドの法則
⓮ペイパーカットの法則
⓯ピーターの法則
⓰認知バイアス
⓱YAGNI
⓲コンウェイの法則
⓳グッドハートの法則
⓴リーマンの法則

▶ **プロジェクト管理・マネジメント**

❶ ブルックスの法則

- 遅れているプロジェクトに人員を追加すると、さらに遅れる
- 無計画な人員追加が失敗を招く典型例
- 火事場になっているプロジェクトに適当に人員追加をしても、新しい人員が慣れるまでの対応などに追われるだけで、余計なコストが増え、さらにプロジェクトを遅らせることになる
- 追加された人員がプロジェクトに慣れるための時間が必要であり、コミュニケーションコストが増加する
- ソフトウェア開発のタスク分割には限界があるため、人数比に対して効率的に分配できないケースもある
- 『人月の神話──新装版』（フレデリック・P・ブルックス Jr. 著）で詳しく語られている法則

❷ パーキンソンの法則

- 仕事は、与えられた時間をすべて使い切るまで膨張する
- 締め切りが長いと、作業が遅延しやすく効率が低下する
- 適切な時間枠の設定が失敗を防ぐ鍵となる
- パーキンソンの法則は、3つに分けられる
  - ・第1法則「仕事の量は、完成のために与えられた時間をすべて満たすまで膨張する」
  - ・第2法則「支出の額は、収入の額に達するまで膨張する」
  - ・凡俗法則「組織は些細な物事に対して、不釣り合いなほど重点を置く」
- プロジェクトという文脈では第1法則が当てはまり、スケジュールを伸ばしても伸ばしても、結局ぎりぎりにローンチすることになる
- 第2法則については、プロジェクトの予算は本来は2,000万円で足りていたのに、3,000万円を与えられるとそれを使い切ってしまう
- 人は、余白を与えられるとのんびりしたり違うことに神経がいったりしてしまうので、「とりあえず完成させる」意識をもつことが大事
- 『パーキンソンの法則』（C. N. パーキンソン著）で詳しく語られている法則

▶ 付録 ソフトウェア開発の失敗「20」の法則

❸ 90 対 90 の法則

- プロジェクトの最初の90%が完了するのに90%の時間がかかる
- 残りの10%がさらに90%の時間を要する
- 後半の作業が思いのほか膨大になることに注意が必要
- 開発工程の90%を完了させることは開発時間の最初の90%を占め、残り10%の開発工程は当初の開発時間の90%をさらに占める。ソフトウェア開発のスケジュールは、合計すると当初予定の180%くらいになり、工数見積りから大幅に遅れる傾向にあることを皮肉った格言（ほぼジョーク）
- 工数の見積りは往々にして大雑把であり、合計の開発時間が180%になるように、ソフトウェア開発のプロジェクトが当初予定期間を大幅に超過するというよく知られた傾向。不確実性の見極めが難しかったり、想定外のトラブルなどにより予定どおりに進めるのが困難になる
- ソフトウェア工学の分野でベル研究所のトム・カーギル氏が唱えた法則

❹ パレートの法則（2：8の法則）

- 全成果の80%は、全作業の20%から生じるという法則
- 仕事上の成果の80%は、業務時間の20%の業務から作り出される
- 20%の従業員によって、売上の80%は生まれている
- プロジェクトにおいても、少数の重要なタスクが大半の価値を生む
- リソースを効率的に配分し、無駄を避けることで失敗を防ぐ

❺ ホフスタッターの法則

- 物事は常に予想よりも時間がかかる
- 「もうすぐできます」はだいたいウソ
- 作業にはいつでも予測以上の時間がかかるものである
- 「明日か明後日には終わります」という場合は、たいてい明後日になる
- ダグラス・R・ホフスタッター氏による『ゲーデル、エッシャー、バッハ――あるいは不思議の環』で詳しく語られている法則

❻ リンカーンの法則

- 物事を6時間で行うためには、そのうちの4時間を準備に費やすべきだという法則
- 十分な準備がないと、実行段階での失敗が増える
- 計画と準備の重要性を強調する

❼ マーフィーの法則

- "If it can happen, it will happen."
- 失敗する可能性があるものは必ず失敗する
- プロジェクトでも、失敗の原因になりそうなものを放っておくと、忘れたころにそれが原因で失敗を引き起こすことはよくある
- 『マーフィーの法則──現代アメリカの知性』(アーサー・ブロック著)で詳しく語られている法則

▶ 品質管理・リスク管理

❽ ハインリッヒの法則(1：29：300の法則)

- 1件の重大事故の裏には、29件の軽微な事故と300件の怪我に至らない事故(ヒヤリ・ハット)がある
- 小さな問題を見過ごすと、大きな失敗につながるリスクがあるという教訓
- 早期に問題を発見し、対処することが重要

❾ 割れ窓の法則(ブロークンウィンドウ理論)

- 小さな不具合や欠陥を放置すると、全体の品質が低下し、さらなる問題を引き寄せる
- 小さな問題を早期に修正することで、全体の失敗を防ぐ
- たとえば、建物の窓が壊れているのを放置すると「誰も注意を払っていない」という象徴になる

- やがて、ほかの窓もすべて壊される状況を誘発する
- 軽い違反や乱れを見逃していると、モラルが低下し、環境の悪化や犯罪の多発につながるという考え方
- こうしたちょっとした改善を進めてくれるメンバーは重宝する

⑩ ヒックの法則

- 意思決定にかかる時間は、可能な選択肢の数に依存する
- 選択肢が多ければ多いほど、意思決定までに多くの時間がかかる
- 先に選択肢をバッサリ減らすことが時間を削減することにつながる

⑪ ヤクの毛刈り(yak shaving)

- 目標に直接関係ないタスクに時間を取られること。本当の問題にたどり着かない
- 問題に取り組んでいるとき、ある問題を解こうと思ったら、まるでヤクの毛刈りのように別の問題が出てくる
- 問題を解こうと思ったら、さらに別の問題が出てきて、ということが延々と続く

⑫ ジョシュアツリーの法則

- 人間は、名前を知ることで、その存在を発見する
- 問題の存在を知らないと、その問題を解決するためのリソースが無駄になる。その多くは名前が付いていることで強く認識できる
- プロジェクトの開始や倒すべき大きな課題については、必ず名前を付けたほうがよい

⑬ ピークエンドの法則

- 人間の記憶は、経験のピーク時と終了時(エンド)の印象に大きく影響される
- プロジェクトの最後の印象や最も印象的な部分が評価に影響し、成功や失敗を左右する
- ソフトウェア開発でいえば、重要な「ピーク」(例:デモやリリース)と「エンド」(例:プロジェクト終了時の振り返り)に大きく依存し、これらの瞬間がポ

ジティブであると、プロジェクト全体の評価が高まる傾向にある。逆に、リリース時の不具合やデモの失敗は、プロジェクトの評価を低下させるリスクがある

⑭ ペイパーカットの法則

- 小さな問題が積み重なると、最終的に大きな失敗を引き起こす
- 小さい問題を無視すると、ユーザー体験が悪化し、プロジェクト全体が失敗するリスクが高まる
- 小さな不具合や不便を放置せず、早期に解決することが重要

▶ **組織構造・設計原則**

⑮ ピーターの法則

- 能力主義の階層組織の中において、人は自らの能力の極限まで出世する
- しかし、能力を有する人材は、昇進することで能力を無能化していく
- そして、いずれ組織全体が無能な人材集団と化してしまうという衝撃的な法則
- 組織において、すべての従業員は無能のレベルまで昇進する傾向にある
- 『ピーターの法則――創造的無能のすすめ』（ローレンス・J・ピーター、レイモンド・ハル著）で詳しく語られている法則

⑯ 認知バイアス

- 自分の思い込みや周囲の要因によって非合理的な判断をしてしまう心理現象の一種
- 主に正常性バイアス／確証バイアスの2つ
- 正常性バイアスは、人が予期しない事態に対峙した際、「ありえない」という先入観が働く心のメカニズム
- 確証バイアスは、自分の思考や願望の確証を探し、反対意見を軽視する傾向になる

⑰ YAGNI

- "You ain't gonna need it"
- 機能は実際に必要となるまでは追加しないのがよいとする、エクストリームプログラミングにおける原則
- 不必要な機能が複雑さを増し、失敗を引き起こす可能性がある。必要なものだけに焦点を当てる
- 『エクストリームプログラミング』（Kent Beck、Cynthia Andres 著）で詳しく語られている

⑱ コンウェイの法則

- システムの設計は、そのシステムを設計した組織のコミュニケーション構造を反映する
- 組織構造がシステムの設計に影響を与える。これを逆手に取ったのが「逆コンウェイの法則」
- つまり、アーキテクチャによって組織構造を変化させるあと追いではなく、そもそも最初から最適なアーキテクチャに合うような組織デザインを設計するという、「アーキテクチャのための組織を作る」というイメージ。ただし、逆コンウェイの法則は、既存システムや組織のしがらみがあり、かなり難しい

⑲ グッドハートの法則

- 測定が目標になると、それは有効な指標ではなくなる
- 開発生産性の計測でよく使われる法則。指標の数値を上げることを目的にするとハックする意識が生まれるため、数値を上げた先の状態を目標にするのがコツ
- たとえば、生産性向上の指標として Pull Request の数を目標にすると、とにかく細かく Pull Request を作成し、逆にレビューがしづらくなって本末転倒なので、付加価値生産性（ユーザーに価値が提供できるリリース頻度）を上げることを意識する

⑳ リーマンの法則

- システムの複雑さは、システムが進化するにつれて増加する
- リーマンの第1法則：使われるシステムは変化する（ミドルウェアやOSのバー

ジョンアップなど）
- リーマンの第2法則：進化するシステムは複雑性を減らす取り組みをしない限り、システムの複雑性が増す。エントロピーが増すともいえる
- リーマンの第3法則：システムの進化はフィードバックプロセスによって決まる（ユーザーの声や利用者の増加など）

参考文献

- 一般社団法人日本情報システム・ユーザー協会（JUAS）「企業IT動向調査報告書2024」https://juas.or.jp/cms/media/2024/04/JUAS_IT2024.pdf
- フレデリック・P・ブルックス Jr. 著／滝沢徹、牧野祐子、富澤昇訳『人月の神話──新装版』丸善出版、2014年
- C. N. パーキンソン著／森永晴彦訳『パーキンソンの法則』至誠堂、1961年
- ダグラス・R・ホフスタッター著／野崎昭弘、はやしはじめ、柳瀬尚紀訳『ゲーデル、エッシャー、バッハ──あるいは不思議の環』白揚社、2005年
- アーサー・ブロック著『マーフィーの法則──現代アメリカの知性』アスキー、1993年
- ローレンス・J・ピーター、レイモンド・ハル著／渡辺伸也訳『ピーターの法則──創造的無能のすすめ』ダイヤモンド社、2003年
- Kent Beck、Cynthia Andres 著／角征典訳『エクストリームプログラミング』オーム社、2015年

おわりに

　本書をお読みいただいて、ありがとうございます。失敗に対する恐怖のとらえ方が少しでも変わっていればうれしく思います。
　本書は、前田ヒロさんが書かれたブログ「恐怖に向かって走る」(https://hiromaeda.com/2022/11/06/run_towards_fear)に大きな着想のヒントを受けています。ブログの中で、人がなぜ恐怖から逃げようとするのかについて、以下の3つの理由が語られています。

- 感情的なストレスを避けたい。エネルギーも奪われるし、気持ちの良い物ではないから
- 嫌われたくない。誰かを不快な気持ちにさせたくない
- 自分が失敗したという事実を作りたくない。その可能性が少しでもあるなら避けたい

　一方で、振り返ってみると、勇気を振り絞って恐怖に立ち向かってみたら、こんな結果になったことはないかと問いかけています。

- 実際やってみたら、想像していたほど恐れる必要もないことだった
- 行動に移してみたら、それまで恐怖だと思っていたものが恐怖ではなくなった
- 想定どおりの結果にはならなかったけれど、自分の姿勢や言動によって信頼を得ることができた
- 今回の結果は悪かったかもしれないけれど、自分がより前向きにポジティブになることができた気がする

　こうした文章を読み、当時、恐怖から逃げようとしていた私は勇気づけられました。結局、失敗に対する恐怖には、マインドしだいでいくらでも立ち向かえると感じた瞬間でした。
　組織でマインドやケイパビリティー(潜在的な能力)を作るには、再現性が必要になってきます。本書で取り上げた、失敗に関する正しい解釈と文化の作り方、プロセスのしくみ化が、少しでもチームを良い方向に進めることを期待しています。

索 引

▶数字
1：1（1対1で伝える） 184
1：N（複数メンバーに一気に伝える） 184
10+ Deploys Per Day: Dev and Ops Cooperation at Flickr 103
1on1 137
4つの見積り価値 62
90対90の法則 234

▶アルファベット
Accountable（説明責任者） 50
AWS 100
Azure 101
BMLループ 73
Build（構築） 73
CHAOS REPORT 2015 21
Consulted（相談役） 50
CTR 16
Design Doc 16
DevEx 31
DevOps 52, 102
DiRT 70
Disagree and commit 161
Disaster Recovery Training 70
Docker 101
DX 10
Dynamic Reteaming 154
Efficiency & flow 30
Elephant in the Room 54
EOL 64
External Quality 11
fail before（事前に失敗） 171
fail fast（早く失敗） 171
Feature flags 104
Flow state 31
GCP 100
Grow-and-Splitパターン
　（成長と分割） 156
IaC 101
Informed（情報受領者） 50
Internal Quality 11
Isolationパターン（隔離） 156
KPIモデル 220
Learn（学習） 73
Less Freedom（自由度が低い） 160
Measure（計測） 73
Mergingパターン（マージ） 156
More Freedom（自由度が高い） 160
MVP 19, 38, 80, 87, 97
NoOps 104
OJT 127
One-by-Oneパターン（一人ずつ） 156
PdM 38, 55, 121, 194, 216
PoC 97
Proof of Concept 97
Responsible（責任者） 50
SECIモデル 151, 174
Single Piece Flow 80
single point of failure 163
SPACE 29
SPOF 163
SRE 82
Switchingパターン（切り替え） 156
TTPS 44
unlearning 174
XaaS 102
YAGNI 238

▶あ行
アイコンと音声 122
アジャイル 97
アジャイルソフトウェア開発宣言 97
圧倒的当事者意識 133
暗黙知 175
一般システム理論 221
今の機能では「できない」 115, 116
今のチームスキルだと「できない」 115, 118
因果関係（原因→行動パターン→結果） 3

ウォーターフォール ………………………… 96
エンジニアサイド ………………………… 44
エントロピー ……………………………… 34
エンハンス開発 ……………………… 39, 64
お任せ …………………………………… 191
オンボーディング ………………… 36, 123

▶か行

快適ゾーン ……………………………… 189
外部品質 …………………………………… 11
隠された失敗 …………………………… 4, 46
学習および高パフォーマンスゾーン … 189
学習棄却 ………………………………… 174
確証バイアス …………………………… 151
カスタマージャーニー ………………… 221
仮説 ……………………………………… 16
仮説検証 ……………………… 10, 38, 71, 219
ガダルカナル島の戦い ………………… 152
関与方針 ………………………………… 190
管理職が罰ゲーム ……………………… 140
企業IT動向調査報告書2024 …………… 22
境界マネジメント ……………………… 134
共同化（Socialization） ………………… 175
共同ワーク ……………………………… 191
銀の弾丸 ………………………………… 50
グッドハートの法則 …………………… 238
クラウド ………………………………… 100
クラウドサービス …………………… 44, 101
繰り返される失敗 …………………… 5, 71
警戒心（vigilance） ……………………… 203
計画ループ ……………………………… 76
形式知 ……………………………… 175, 176
減価償却 ………………………………… 210
兼務祭り ………………………………… 162
合意 ……………………………………… 127
工数 ……………………………………… 25
構造 ……………………………………… 150
構造による力学 ………………………… 153
硬直の罠（Rigidity） …………………… 154
固定型マインドセット ………………… 170

コミットメント（約束） ………………… 59
コミュニケーションの場 ……………… 127
コモディティ化 ………………………… 102
コンウェイの法則 ………………… 102, 238
コンテキストスイッチ ………………… 115
コンテナ技術 …………………………… 101
コントローラブル ……………………… 89

▶さ行

サイトリライアビリティエンジニアリング … 82
再発防止 ………………………………… 82
再発防止策 …………………………… 13, 82
財務諸表 ………………………………… 209
採用 ……………………………………… 37
再利用可能な資源 ……………………… 91
再利用できない失敗 …………………… 91
時間がかかるので「できない」 …… 115, 116
しくみ …………………………………… 200
自己叱責 ………………………………… 142
自己責任 ………………………………… 142
自己組織化 ……………………………… 139
自己否定学習 …………………………… 178
資産価値 ………………………………… 210
思春期（Adolescence） ………………… 154
システム稼働率 …………………………… 12
システム思考 …………………………… 220
自責思考 …………………………… 114, 136
事前検死（pre-mortem） ……………… 171
実行ループ ……………………………… 76
失敗の科学 ……………………………… 45
失敗プロジェクトの記録 ……………… 204
失敗を非難しない ……………………… 171
自動化 …………………………………… 104
従業員データ …………………………… 214
障害報告書 ……………………………… 82
情報共有の欠如 ………………………… 152
情報の透明性（アクセス性） ………… 134
ジョシュアツリーの法則 ……………… 236
ジョブディスクリプション …………… 164
新規開発 ……………………………… 39, 64

信頼関係 ……………………………………… 52
心理的安全性 …………………………… 187
スクラム ……………………………………… 47
ストーリーポイント …………………… 218
ストレッサー …………………………… 126
スパン・オブ・コントロール ………… 99
スモールチーム …………………… 102, 105
スループット …………………………… 207
成熟 (Maturity) …………………………… 155
成長型マインドセット ………………… 170
成長曲線 ………………………………… 144
責任と権限 ……………………………… 134
セクショナリズム ……………………… 102
ゼロリスク主義 …………………………… 10
戦術 ………………………………………… 17
戦略 ………………………………………… 17
戦略的Unlearn ………………………… 151
ソフトウェア ……………………………… 35

▶ た行

多元的無知 ……………………………… 129
他責思考 …………………………… 114, 129
正しい失敗 ………………………………… 2, 96
タックマンモデル ……………………… 156
単一障害点 ……………………………… 163
ダンバー数 ………………………………… 99
チームの再編成 ………………………… 160
チームの誕生 (Birth) …………………… 154
チームの独立性 ………………………… 102
注意の関与
　（attentional engagement）…… 203
注意ベースの理論
　（attention-based view）………… 202
超概算見積り …………………………… 16, 60
ツールの活用 …………………………… 127
つながっているが孤独な関係性 …… 125
定点確認 ………………………………… 191
低リスクなムダな失敗 ………………… 5, 87
データストア …………………………… 211
できない ………………………………… 115

デジタルトランスフォーメーション ……… 10
テックマネジメント …………………… 141
凍結化 (Combination) ………………… 175
透明性・検査・適応 …………………… 47

▶ な行

内部品質 ……………………………… 11, 67
内面化 (Internalization) ……………… 175
何かしらの制約で「できない」…… 115, 116
ナラティブフロー ………………………… 89
認知的不協和 …………………………… 151
認知バイアス …………………………… 237

▶ は行

パーキンソンの法則 ………………… 58, 233
ハインリッヒの法則
　（1：29：300の法則）……………… 235
裸の王様 ………………………………… 129
バックボーン ……………………………… 89
バッチサイズ ……………………………… 98
バッファ …………………………………… 62
バリューストリームマッピング …… 207
ハレーション …………………………… 114
パレートの法則（2：8の法則）…… 234
ピークエンドの法則 …………………… 236
ピーターの法則 ………………………… 237
ピープルマネジメント ……………… 141, 190
ピザ2枚ルール ………………………… 99
ビジネスサイド ………………………… 44
ヒックの法則 …………………………… 236
評価制度 ………………………………… 143
表出化 (Externalization) ……………… 175
貧困の罠 (Poverty Trap) ……………… 154
品質 ………………………………………… 18
不安ゾーン ……………………………… 189
フィードバック ………………………… 128
フィードバック制御 …………………… 201
フィードフォワード制御 ……………… 201
ブラックボックス ……………………… 54
ブルックスの法則 ……………………… 233

243

プレイヤーとマネージャー ………………… 137
フロー効率 …………………………………… 72
フロー状態 ……………………………… 26, 138
プロジェクトコード ………………………… 211
プロジェクトマネジメント ………………… 140
プロセス ………………………………150, 200
プロダクトマネジメント …………………… 140
文化 ……………………………………150, 170
文化醸成 ……………………………………… 54
ペイパーカットの法則 ……………………… 237
傍観者効果 …………………………………… 129
ほかのタスクをしているので「できない」…115
保守開発 ………………………………… 39, 64
保守性 …………………………………… 18, 35
ポストモーテム ………………… 14, 82, 204
ホフスタッターの法則 ……………………… 234

▶ま行

マーフィーの法則 …………………………… 235
マイクロサービス ……………………… 102, 105
マイクロマネジメント ……………………… 138
間違った失敗 …………………………………… 2
間違った批判 ………………………………… 10
見えないタスク ……………………………… 138
見積り …………………………………… 15, 57
無気力ゾーン ………………………………… 189
メンタルコントロール ……………………… 123
目標設定 ……………………………………… 143
モノリシックな環境 ………………………… 106

▶や行

約束 …………………………………………… 59
ヤクの毛刈り（yak shaving）…………… 236
やるべきではないと思っているから
　「できない」………………………… 115, 118
遊撃部隊の設置 ……………………………… 136
要素（原因・行動パターン・結果）………… 3
予算投入の失敗 ………………………… 10, 33
予測 …………………………………………… 59

▶ら行

ラウンドロビン形式 ………………………… 128
リードタイム ………………………………… 207
リーマンの第1法則 ………………………… 35
リーマンの第2法則 ………………………… 35
リーマンの第3法則 ………………………… 35
リーマンの法則 ………………………… 35, 238
リソース効率 ………………………………… 72
リチーミング ………………………………… 160
リファクタリング ……………………… 13, 65
リモートワーク ……………………………… 123
リンカーンの法則 …………………………… 235
類推見積り …………………………………… 218
ルール ………………………………………… 200
レジリエンス ………………………………… 45
レジリエンスエンジニアリング ……… iii, 177

▶わ行

割れ窓の法則
　（ブロークンウィンドウ理論）………… 235

■著者略歴

石垣 雅人（いしがき まさと）

合同会社 DMM.com

DMM.comにエンジニア職で新卒入社し、プロダクトマネージャーを経て2020年、DMM.comの入口である総合トップなどを管轄する総合トップ開発部の立ち上げを行い、部長を務める。現在は、DMM.comの4,507万会員のID基盤を中心に複数のプラットフォーム基盤を扱う部署の部長を務めながら、DMM全体のエンジニア・デザイナー・PM組織の組織課題を解決する部署も兼務している。

著書に『DMM.comを支えるデータ駆動戦略』（マイナビ出版、2020年）がある。

●お問い合わせ
本書に関するご質問は、記載内容についてのみとさせていただきます。本書の内容以外のご質問には一切応じられませんので、あらかじめご了承ください。なお、お電話によるご質問は受け付けておりませんので、書面または小社Webサイトのお問い合わせフォームをご利用ください。

・宛先
新宿区市谷左内町21-13　株式会社技術評論社　書籍編集部
『「正しく」失敗できるチームを作る』係
https://gihyo.jp/book/2025/978-4-297-14738-9

装丁	ライラック
本文デザイン・レイアウト	田中 望（Hope Company）
編集アシスタント	小川 里子（技術評論社）、北川 香織（技術評論社）
編集	久保田 祐真（技術評論社）

「正しく」失敗できるチームを作る
現場のリーダーのための恐怖と不安を乗り越える技術

2025年3月5日　初版　第1刷発行

著　者	石垣雅人
発行者	片岡 巌
発行所	株式会社技術評論社 東京都新宿区市谷左内町21-13 電話 03-3513-6150 販売促進部 電話 03-3513-6177 第5編集部
印刷・製本	港北メディアサービス株式会社

定価はカバーに表示してあります。
本書の一部または全部を著作権の定める範囲を超え、無断で複写、複製、転載、テープ化、ファイルに落とすことを禁じます。
©2025　石垣雅人

造本には細心の注意を払っておりますが、万一、乱丁（ページの乱れ）や落丁（ページの抜け）がございましたら、小社販売促進部までお送りください。送料小社負担にてお取り替えいたします。

ISBN978-4-297-14738-9 C3055
Printed in Japan